Method of Refining Architecture Design for Long-life of Building

Aoki Shigeru
Park Jina

처음으로

2011년 3월 11일 14시 46분, 하마마쓰浜松에서 규슈九州로 향하는 신칸센新幹線 히로시마広島역에 도착하기 바로 직전에 아내의 메일을 받았다. 다름 아닌 도쿄에 대지진이 발생했다는 소식이었다. 지진 소식을 전해 듣고 가장 먼저 떠오른 것은 바로 내가Aoki Shigeru 리파이닝Refining*을 실시한 건물이 지진으로 어떻게 되진 않았을까 하는 걱정이었다. 도쿄 사무실에 몇번이고 몇번이고 전화를 걸어 보았지만 계속 불통이어서 일단 도쿄도내에 리파이닝 시공을 한 건축물에 직접 가보라는 단문 문자 메시지를 보내 두었다.

후쿠오카福岡에 도착한 후 거리 상점 TV에서 흘러나오는 정보를 접하고는 옴짝달싹조차 할 수 없었다. 실로 어마어마한 지진이었다. 도쿄 사무실 직원이 전하는 말에 따르면 전철은 완전히 공황 상태에 빠졌기 때문에 지진 발생 당일에는 정보 수집만이 가능했고 현장 확인은 도보로 갈 수 있는 거리에 있는 2곳만 확인이 가능했다고 했다. 다음날까지 전혀 확인할 길이 없었지만, 내가 리파이닝한 건축물이 건재하다는 소식을 전해 듣고는 가슴을 쓸어 내렸다.

도쿄에서 평생 살 집을 찾다가 낡은 빌딩YS BLU.과 조우했다. 무엇보다 내가 지금까지 축적해 온 리파이닝 기술을 시험해 보고 싶었다. 리파이닝 실시 후 YS 빌딩에 2월말부터 살기 시작했는데 이 건물 또한 다행이도 무사했다. 나중에서야 알게된 사실이지만 4층 유리문 자물쇠가 한 군데 파손된 것으로 미루어 짐작해 보아 그 당시 지진으로 건물이 꽤나 흔들렸던 모양이다.

후쿠오카현福岡県 세이호오키지진西方沖地震(2005년 3월 20일)과 3.11 동일본 대지진, 이렇게 두 번의 지진 세례를 받은 셈인데 모두 피해 없이 무사히 넘긴 것을 보면 지금까지 실시한 리파이닝 건축 기술이 내진 측면에서 효과적인 기술임이 증명된 것으로, 충분히 경쟁력 있는 우수한 기술이라 자부한다.

이 책에서 소개한 리파이닝 건축 4가지 사례, 그리고 현재 착공 예정인 4가지 프로젝트는 단순히 내진보강이나 의장뿐만 아니라 건물이 향후 수십 년에 걸쳐 기능적으로나 사회적으로 오랜 수명을 갖게 하는 데 주안점을 둔 리파이닝 건축이다. 비단 지진뿐 아니라 앞으로 닥쳐올 다양한 난관에 대처하는 기술에 대하여 내 나름대로의 결론을 담은 것이기도 하다. 고대 로마의 건축가 마르쿠스 비트루비우스 폴리오Marcus Vitruvius Pollio는 현존한다.

* 리파이닝Refining 건축 수법은 다소 생소한 개념이지만 기존의 리뉴얼Renewal·리노베이션Renovation·리모델링Remodeling 리폼Reform 개념보다 포괄적이고 광의적인 개념으로, 노후화된 건물의 대부분을 재이용·재사용·재활용하여 내진보강 및 용도변경뿐만 아니라 디자인까지 갱신하여, 사용가치가 감소한 건축물의 사용 가능한 부분과 가치 있는 부분을 최대한 활용하여 새로운 기능이나 요소를 더함으로써 건축물에 새로운 생명을 불어넣는 설계 수법이다(옮긴이).

Introduction

I received an email from my wife a little before reaching Hiroshima Station at 2:46 pm on March 11 2011 while on the bullet train from Hamamatsu to Kyushu. She stated that there had been a massive earthquake in Tokyo. What gripped me with fear most was what had happened to the buildings I worked on to reinforce them against such earthquakes. I tried calling the Tokyo office, but the line was down. So I shot off a short e-mail. This email was to ask them to get to the building site in Tokyo.

I arrived in Fukuoka, and was glued to the TV for information on damage caused by the earthquake. The staff at the Tokyo office were only able to get to 2 sites that were within walking distance because the trains were chaotic, and all we had to go on was the information at hand. I was relieved to find out that there were no problems with our buildings, but we really couldn't get a better handle on that until the following day.

I had just started to live in the YS building from the end of February, as we had purchased an old building in Tokyo on which we were going to demonstrate our technology, and were fortunate enough to learn that nothing had happened to it. Afterwards, I found out that the lock to the glass door on the 4th floor had been ripped out in one location, so it was clear that the building had been shaken pretty violently.

The earthquake off the western coast of Fukuoka Prefecture (March 20, 2005) and the Great East Japan Earthquake on March 11, 2011 were my baptisms of fire, neither one of which caused any damage to our buildings, so I take pride in the fact that this proves that the reinforcing technology we used in the buildings does withstand earthquakes.

The four projects introduced in this book and the four projects where I will enter the sites hereafter employ reinforcing technology that focuses not only on mere strengthening and design against earthquakes, but also seeks functional, aesthetic buildings of tomorrow that can last for generations. I want to respond in my own way to earthquakes and a variety of future challenges. The ancient roman architect Vitruvius lives on.

목 차

리파이닝 포인트 Points of Refining

리파이닝 사례 Casestudies of Refining

Contents

Points of Refining

Casestudies of Refining

Toward long-life architecture No.1

Refining of Manjuso

만주소滿珠荘 리파이닝

P28

빛이 투과되고 바람이 통하는 수직공간의 신설과 공간 재배치

간몬해협關門海峽이 내려다보이는 입지를 살려 실내의 개방감과 조망권에 중점을 두고 리파이닝 건축을 실시했다. 이 점과 더불어 신축에 비해 콘크리트 등의 산업 폐기물과 CO_2 배출량을 크게 줄일 수 있었다.

내부는 공조나 조명 등 기계적인 기법에 의존하지 않고 자연 환기나 자연채광을 적극적으로 도입한 패시브 건축 디자인을 추구하여 준공 후의 유지관리비 절감을 도모했다. 북쪽 플로어의 한 스팬을 해체하여 후키누케(吹き抜け 건물의 몇 개 층을 뚫어 놓는 구조)를 만들고 계단실을 설치하였으며 옥상에는 톱라이트Top light를 설치했다.

이 후키누케는 광덕트Light-duct를 활용하여 아래층까지 빛을 유도함과 동시에 굴뚝효과가 있어 자연환기Natual Ventilation에 도움이 된다. 남쪽은 오션뷰를 우선시하여 전면유리로 시공하였으며, 차양을 설치하여 여름철 직사광선을 차단해 실내 환경의 유지와 열부하를 가능한 한 줄이도록 노력했다.

▲ 3개층 슬래브를 해체하고 신설한 톱라이트와 계단 설치용 후키누케에서 들어는 빛.

▼ 톱라이트 부분에 철제계단을 설치하는 공사.

3층의 남쪽 외관.
리파이닝 시공 전(좌)과 리파이닝 시공 후(우) 모습.
최상층인 2층에서 지하층까지 넓은 차양을 설치하였으며, 지하층은 객실, 1층은 목욕탕과 오픈스페이스, 2층은 레스토랑과 전망 라운지가 있다.

2층에 위치한 레스토랑과 전망 라운지. 왼편에 보이는 계단실의 빛은 새롭게 설치한 후키누케에서 들어오는 빛이며, 그 옆쪽으로 새롭게 설치한 엘리베이터.
오른편 창밖으로 보이는 것은 스오나다周防灘.

The creation of a bright and airy vertical space and replacement of the floor.

The building, located by the Kanmon Straits, was refined taking full advantage of the beautiful views from the rooms. In comparison with new construction, the refining work considerably reduced the amount of industrial waste that would have been generated as concrete and CO_2 emissions.

For the interior, a passive design was employed to realize natural ventilation and natural lighting without using a mechanical method such as air conditioning and lamps, aiming at reducing the running cost after the renovation.

We removed a span of the north-side floor, built a staircase with a high ceiling, and introduced a top light on the roof.

This high-ceiling space works as a sunlight duct and leads the sunlight into the downstairs. It also works as a chimney and realizes natural ventilation.

The sea side (south side) of the building is faced with glass, giving superb views.

A canopy top was used to block direct summer sunlight to reduce the indoor thermal load.

Toward long-life architecture No.2

Refining of Kiyose Keyaki Hall

기요세 게야키清瀬けやき 홀

P46

내외장의 일신과 패시브 디자인 기법으로, 거리의 새로운 숨결로

▲ 증축한 남측 파사드는 곡면으로 처리하여 도로측 보행로의 압박감을 경감시켰다.

기요세시清瀬市는 도쿄 북단에 위치하는 인구 약 7만 3천명이 거주하는 주거지역이다. 제2차 세계 대전 전까지 결핵환자들이 요양지로 이곳을 찾은 역사가 있어서인지 지금까지 결핵 요양소를 비롯해 최첨단 연구기관과 대규모 병원시설이 정비되어 전국 굴지의 의료 도시로 자리잡았다.

기요세역에서 시청으로 이어지는 게야키 대로를 따라 국내외 조각가가 제작한 약30점의 예술작품들이 즐비해 있어 예술 문화의 분위기가 감도는 고장이기도 하다.

옛 기요세 시민센터는 시내에서 유일한 프로시니엄 아치Proscenium arch 형식의 홀이 있으며, 역에서 약 5분 거리에 위치하고 있어 입지가 매우 좋다.

오랜 시간 동안 시민들이 부담없이 다양한 문화를 즐기는 장소로 사랑받아 왔으나, 지어진 지 34년이라는 세월이 흐르다 보니 노후화가 진행되어 그 역할을 충분히 수행할 수 없게 되자, 재정비를 바라는 시민의 목소리가 높아지고 있었다.

이에 시에서는 재정 상황이나 자원 및 환경 문제 등을 고려하는 한편 기요세라는 고장이 간직한 역사를 계승하기 위해서라도 다른 장소에 신축하기보다는 시민의 사랑을 받아 온 바로 그 자리에 옛건물을 최대한 살릴 수 있는 재생Refining 건축을 택했다.

그리하여 설계자를 선정하기 위한 프로포절이 실시되었고 도쿄 공공시설의 리파이닝 건축 1호가 탄생하게 되었다.

▲ 옛 기요세 시민센터 남쪽(도로 쪽) 파사드 일부(좌)와 1층 로비(우).

▲ 도로 쪽으로 증축해 한층 넓고 밝아진 1층 공용 로비.

Renewal of the exterior and interior, establishing a new symbol of the town

Kiyose City is located at the north end of Tokyo and is a community town with a population of about 73,000. There were sanatoriums for tuberculosis patients in the city until World War II. Now Kiyose is one of the best medical towns in Japan with not only sanatoriums but also advanced research institutes and large hospitals. Along the street lined with zelkova trees extending from the railway station to the city hall, there are about 30 works of Japanese and foreign sculptors, creating an atmosphere of art and culture. The former Kiyose Community Center, the only proscenium-type hall in the city, was located 5 minutes from the station. It provided the citizens for a long time with opportunities to experience various cultures. Since the 34-year-old building had problems due to aging the citizens wanted the building to be redeveloped. Considering the financial situation, resource problems and environmental problems, the city government decided not to build a new building in another place but to renew the existing building in order to utilize the building as much as possible and continue Kiyose's history. Proposals were examined to select a designer and, as a result, the first public building of refining architecture was completed in the suburbs of Tokyo.

Refining of Hamamatsu Sala

하마마츠 살라 浜松サーラ 플라자

획기적인 내진보강기법으로, 이주없는 대규모 시공을 실현

P68

▲ 철골 브레이스로 기존 건물의 외벽을 감싸는 특수한 내진보강으로 건물의 이미지를 일신하였으며, 이주없는 시공으로 테넌트는 건물 내에서의 이동만으로 공사를 마무리했다.

넓은 도로 가에 위치한 이 건물은 가스회사의 쇼룸과 사무실, 그리고 점포 등으로 구성되어 있는 오피스 빌딩이다. 지어진 지 29년이 경과해 노후화가 진행되면서 오래된 내부 공간은 설비 트러블 문제가 빈번하게 발생하고 있었다.

내진 보강공사를 위해 조사를 실시한 결과, 도면 상에는 경량콘크리트라고 되어 있는데 실제로는 보통 콘크리트로 시공되어 있어 일반적인 보강방법으로는 보강이 불가능한 것으로 밝혀졌다. 이런 이유로 건물의 외부를 철골 브레이스로 감싸는 세계 최초의 내진공법인 "나선형 브레이스드 벨트Spiral braced belt 보강" 기법이 개발되었다. 그리고 철골 브레이스를 유리로 덮어 내구성능을 향상시켰다. 건물 내부의 보강공사를 최소화함으로 입주자는 건물내에서 단 한 차례의 이동으로 건물을 사용하면서 보강 공사를 시행할 수 있었다.

리파이닝 시공 후의 건물은 기존 건물을 새로운 포장지로 감싸 리본으로 묶은듯한 이미지이다. 180도 변모한 건물의 외관과 새로운 공간은 마치 거리에 선물 꾸러미를 선사한 것 같은 분위기를 연출 할 수 있었다.

▲ 리파이닝 시공 후 건물은 긴 끈으로 선물상자 리본 묶듯이 기존 건물을 새로운 외장재로 묶었다. 180도 변모한 외관과 새로운 공간 창출은 마치 거리에 선물 꾸러미를 선사한 것 같은 분위기 연출.

▲ 리파이닝 시공 후(주차장 쪽 파사드)
▼ 리파이닝 시공 전(도로 쪽 파사드)

Large-scale construction with the residents in the building, realized by a novel anti-seismic reinforcement method.

This building, located on a large street, is an office building with a showroom and office of a gas company and with tenants. The 29-year-old building had problems due to aging, such as old-style room layout and unsatisfactory facilities.

Before conducting antiseismic reinforcement work, we surveyed the building and found that the standard reinforcement method could not be used because ordinary concrete had been used in the building whereas light-weight concrete should have been used according to the architectural drawings. We therefore developed the world's first "spiral braced belt reinforcement method" with which steel-frame braces were wrapped around the exterior of the building. The braces were then covered with glass to improve the weather resistance performance.

Since we only had to make minimum reinforcement for the interior of the building, the residents needed to move to other rooms in the same building only once. All the refining works were thus finished with the residents still living in the building.

The major aim of the refining work for the interior of the building was to integrate the first-floor terrace with the room, make a high-ceiling space in the first and second floors, and create an open, flexible public space with no partitions. As a result the public space became larger, increasing the local people's utilization of the building.

Toward long-life architecture No.4

Refining of YS BLD.

"YS BLD" (Refining of YS building)

P86

낡고 오래된 빌딩을 도심의 쾌적한 주거생활을 위한 장수명 주거로

▲ 옥상이 정원으로 탈바꿈한 리파이닝 건축.

쾌적하고 합리적인데다 환경까지 고려한 도심 거주를 염두에 두고 리파이닝 시공할 건물의 수배부터 시작했다. 그렇게 해서 선택한 건물이 바로 건축연한 40년의 철골 콘크리트 구조 4층짜리 건물이었다. 이 건물을 자택 겸 임대 주택으로 리파이닝 시공을 하였다.

부지 자체가 높아 지반 조건 등은 더할 나위 없지만 주변에 크고 작은 빌딩과 아파트 등이 즐비해 있으며 기존 건물과 관련된 건축확인서류도 없이 간단한 평면도가 있을 뿐이었다.

기존 건물은 8M 정사각형의 단순한 라멘 구조Rhamen constructio로 여기에 날개벽Wing-wall 보강 공사를 했다. 이 공법으로 시공할 경우, 개구부의 위치 등에 제약이 따르지만 이를 역으로 잘 활용해 디자인 면에서도 신축 건물에 뒤쳐지지 않는 도심 주거를 완성시켰다. 콘크리트 골조를 안팎으로 단열하고 외벽은 내화 널판지에 금속판으로 마감, 내벽은 플라스터 보드Plaster-board에 회반죽으로 마감해 실내외의 온열환경이 향상되었다. 2, 3층의 남쪽으로 설치된 루버는 빛이나 바람을 실내로 유입하는 역할을 하는 동시에 주변의 시선으로부터 차단해 준다.

기존 파사드(좌) 리파이닝 시공 후의 4층 내부, 오른쪽으로 새롭게 설치된 내부 계단(우).

4층 부분의 리파이닝 이미지 퍼스펙티브. 왼편의 유리창 안쪽에 톱라이트를 도입하였으며, 신설한 내부 계단. 식탁 끝으로 발코니가 보인다.

From an old building to a comfortable urban living space.

In order to make a comfortable, reasonable, and environmentally-friendly urban living, we selected a building to refine. The building that we chose was a 40-year-old four-story reinforced concrete building. We refined it to an owner's house with residential accommodation to rent. It is located on a hill with good ground conditions, surrounded by small and medium buildings and apartment buildings. For the existing building, no building certificate but only a simple layout drawing was available. The existing building had a simple 8m×8m square rigid-frame structure, to which we applied wing-wall reinforcement. This method restricts the position of openings. But we took advantage of the restriction and created an urban living space that looked as good as newly-constructed buildings. Both the inside and outside of the concrete building were insulated. Fire proof base panels were used for the outer walls, which were then fi nished with metal panels. Plasterboard and plaster were used for the inner walls. These improved the thermal environment inside and outside the building. The louvers, attached to the southern walls of the second and third floors, take in the light and wind and, at the same time, shield the rooms from view by neighbors in the next apartment buildings.

Toward long-life architecture No.5

Refining of former Tobata Ward Office [Project]

P102

옛 도바타구戸畑区 청사 리파이닝 [계획안]

오랫동안 사랑받아온 옛 청사, 시민문화공간으로 재탄생

79년이라는 세월을 간직한 기타큐슈시北九州市 옛 도바타구 청사를 도서관으로 재탄생 시키는 프로젝트. 제관 양식(帝冠様式, 1930년대 일본에서 주창된 건축 양식)의 건물로 이 구청사의 상징인 옥탑塔屋부분과 스크래치 타일Scratch tile로 마감된 중후한 외관을 보존하기 위해 외부에 내진보강 시공을 하지 않고 내부만 시공을 계획하였다.

도바타의 역사이기도 한 '제철'을 반영하기 위해 철골 내진 보강을 선택함으로써 역사와 보강의 융합을 도모했다.

▲ 리파이닝 전 모습

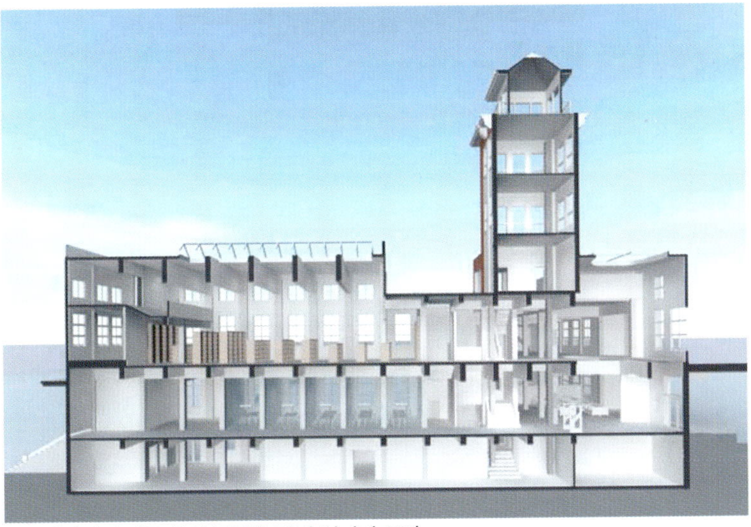

▲ 리파이닝 시공 후의 동서측 단면 이미지 도안

Familiar ward office building reborn as a library

Refing of former Tobata Ward Office in Kitakyushu City (Project)
This is a project to refine the 79-year-old former Tobata Ward Office in Kitakyushu City into a library. In order to preserve the tower, a symbol of the imperial-crown style office building, and maintain the exterior, which was finished with rich scratch tiles, we plan not to apply antiseismic reinforcement to the outside of the building but to reinforce the building from the inside. We made reinforcement using steel, aiming to integrate Tobata's history of iron manufacturing with the new technology of antiseismic reinforcement.

▲ 카운터 부분의 보강 이미지

Refining of Sankiro [Project]

P116

옛 산키로三宜楼 리파이닝 [계획안]
옛 고장의 역사를 품은 목조 건축물 계승

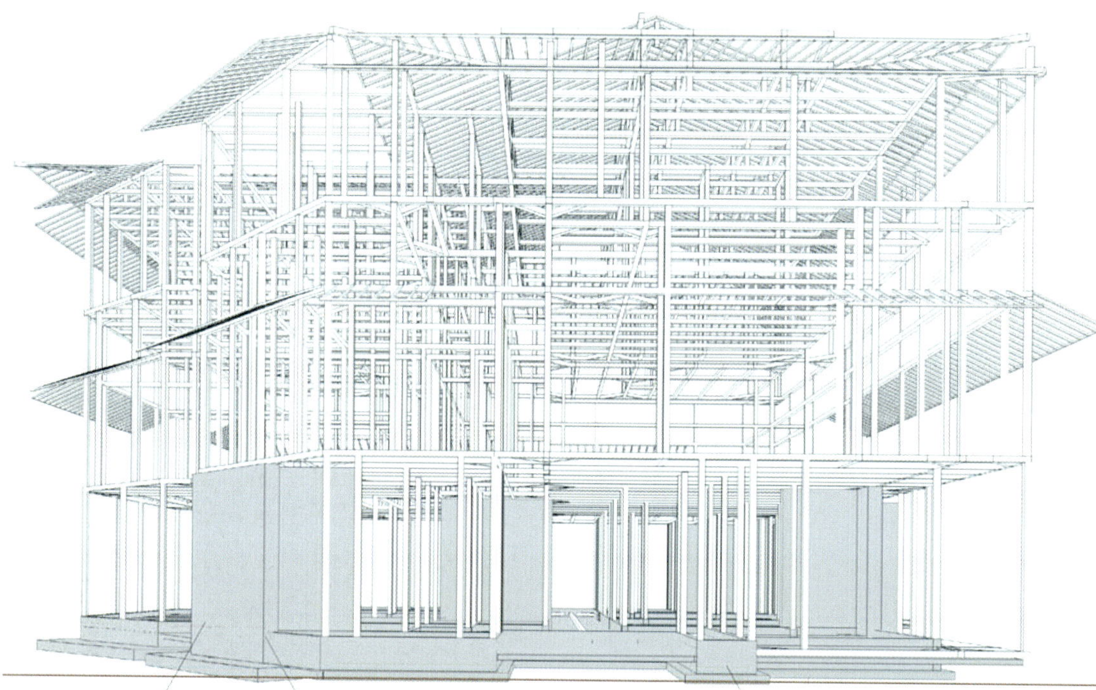

내진보강 시공을 한 골조. 기존 목조 부분과 RC조 부분을 긴결緊結한다.

기타큐슈시 모지구門司区에 쇼와 초기(1930년대)에 지어진 목조 3층 건물로 원래 요정 《산키로》를 보존하여 일반인에게 공개한다는 목적으로 착수한 재생Refining 프로젝트이다. 현재는 비어있는 건물이다.

건물 규모 면에서 후쿠오카현 내에 현존하는 여관 및 고급음식점 중에서 산키로에 견줄만한 사례를 찾아보기 어려운 전체면적 약 1,200m²으로 규슈지역 내에서도 최대급이다. 모지항의 옛 영화를 보존 · 전승하는 건축물로써, 내진 보강 시공을 통해 안전성을 확보함과 동시에 건물의 역사적 가치를 고려한 리모델링을 실시해 모지항을 방문하는 관광객이나 지역 주민에게 사랑받는 시설로 재탄생시키는 프로젝트이다.

▲ 완성 예상도. 건물과 뜰의 연관성을 고조시킨다.

▲ 기존의 상태

Preserving the wooden architecture, a symbol of the town's history

This project aimed to preserve and show to the public the three-story wooden building of Sankiro, a Japanese restaurant built in the early Showa era in Moji, Kitakyushu City. It was no longer in use. There was no other comparable hotel or restaurant building in Fukuoka Prefecture and Sankiro's gross floor area of about 1,200m^2 is one of the largest in Kyushu. It is therefore desired to ensure the safety of the building with antiseismic reinforcement and renovate it taking account of its historical value to develop facilities that the citizens and visitors to Moji Port would love.

Toward long-life architecture No.7

Two cases of condominium apartment buildings [Project]

노후 공동주택 "2가지 사례" [계획안]

도쿄도내의 고급 주택가에 위치한 42년된 공동주택 A는 RC조의 지상 7층 건물로 43세대, 전체 면적 약 6,000m^{2}로 공동주택의 첫번째 사례이다.
특히 거주자 모두가 외관에 애착을 갖고 있어 내진보강에 따른 외관 변경을 대단히 싫어했기 때문에 가급적 현재의 의장을 유지하면서 거주자 전용부분은 공사에 영향을 받지 않는 내진 보강 시공을 구상하였다.

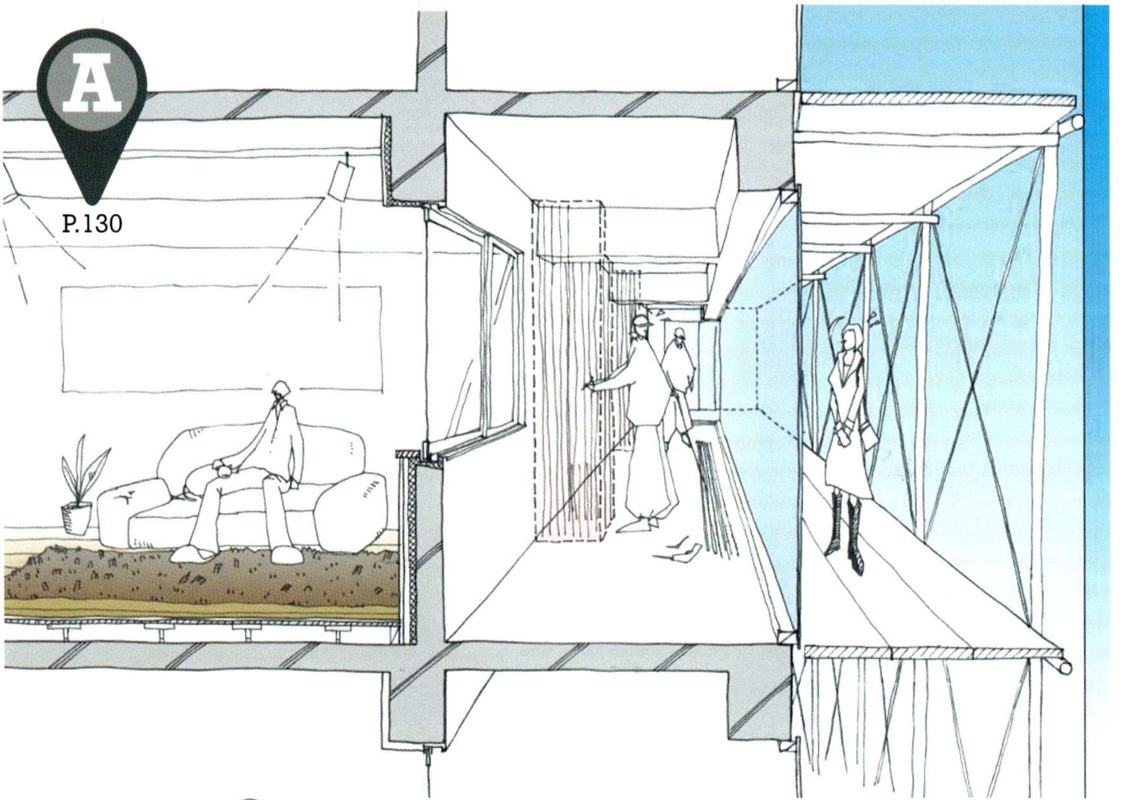

The residents' agreement is essential. Transparent survey and accountability.

The condominium apartment building in a high-class residential area in Tokyo, is a 7-story building of reinforced concrete structure with 43 apartments with a total floor area of about 6,000m^2. This 42-year-old building was a pioneering condominium apartment building when it was first built. Since the residents are particularly attached to the appearance of the building and have difficulty accepting the changes required for antiseismic reinforcement, I have been considering antiseismic reinforcement that maintains the current design of the appearance to the extent possible and that would not affect the residential part of the building. I would ensure that the antiseismic performance complies with the present law and renew the degraded pipes. I have had meetings once a month and the next several months will be a crucial stage in forming a consensus with the residents. If this condominium apartment building could be successfully renewed, some of the housing problems that

현행 법규에 맞는 내진성능을 확보하고 노후화된 설비배관을 교체하는 프로젝트로서, 한 달에 한 번씩 회의를 거듭하고 있는데 요즘이 주민들의 생각을 종합하는 최대 고비이다. 이 분양 맨션을 성공적으로 재생할 수 있다면 일본이 직면하고 있는 주택문제를 해결하는 데 어느 정도 전망이 서지 않을까 싶다.

한편 같은 도내에 있는 공동주택 B는 단상段状구조의 부지에 자리하고 있다. 설계도서와는 다르게 시공되어 있어 조사하면 할수록 애로사항이 참으로 많은 건물이다. 이 건물을 스크랩 앤드 빌드Scrap and Build할 경우, 현행법 상 용적률이 절반으로 규제되어 있기 때문에 주민의 절반이 이주한다던지 혹은 주거면적이 절반으로 줄어드는 것을 감수해야 한다. 어찌됐건 주민들의 의견은 리파이닝 건축을 원한다는 방향이기는 하나 좀처럼 기술적인 해결책을 찾지 못하고 있는 상황이기에 주민들과 협의를 거듭하면서 비용문제를 포함한 최선책을 검토 중이다.

일본 주택 문제의 해결 방법은 공동주택의 재생과 단지 재생이 관건이 아닐까 한다. 이 두가지 사례 모두 장기간에 걸친 프로젝트이지만 전력을 다해 가장 적합한 해법을 도출할 수 있다면 더 나아가 사회에도 이바지할 수 있을 것이다.

Japan is facing could be solved. On the other hand, the condominium apartment building in Tokyo, is located on higher land. It had been built against the design documents and our survey revealed inappropriate construction of the building. However if we scrap and rebuild it only half of the existing building would be allowed according to the plot ratio designated by current law. Therefore half of the residents would have to move out or the residential area of each apartment would have to be reduced to half. The residents want the building to be refined but we have not yet found a technological solution. We are trying to find the best answer through discussion with the residents. I think that the key point of the housing problem in Japan is the renewal of condominium apartment buildings and apartment complexes. The above two cases are expected to become long-term projects. We should endeavor to find the optimum solution to housing problems in order to contribute to society.

Toward long-life Architecture

리파인Refine에서 리파이닝Refining으로

「건물의 리사이클(1999)」 표지

지금까지 대략 25년에 걸쳐서 리파이닝 건축이라고 하는 이름으로 수많은 작품을 설계했고 발표해왔다. 그동안 다양한 사람들과 만났고, 다양한 비평과 비판을 받았으며, 그때마다 리파이닝 건축 수법은 진화를 해왔다. 리파이닝 건축이라는 이름을 처음 사용한 것은 1999년 6월 건축의 리사이클이라는 책을 출판한 시점부터이다. 그후 당시의 마쓰시타전공松下電工이 「리파인 건축」을 상표등록을 한 것을 알게 되었고, 상표사용을 거절당할 것이라고 예상했지만, 의외로 흔쾌히 사용허락을 받았다. 그 이후로 5년 정도 경과하여 마쓰시타전공의 담당자가 후쿠오카 사무소福岡事務所를 방문하여 여러가지 질문을 받았다.

리파이닝 건축Refining Architecture이라는 건축 수법 「리파이닝한 건축의 수명은 몇년인가?」

노쯔하라초 다세대 교류 프라자(2000)

야메시 다세대 교류관(2001)

이 질문에 대한 해답은 초기의 설계 작품에서는 찾을 수 없었다.

리파이닝을 실시한 후 몇 년 동안 견딜수 있는지를 의식하면서 설계하기 시작한 작품은 「노쯔하라초 다세대 교류 프라자野津原町多世代交流プラザ」이며, 위 질문에 대한 어느 정도의 해답을 도출한 것은 「야메시 다세대 교류관八女市多世代交流館」이다. 건물을 금속판과 글래스 등 재생이 가능한 재료를 사용하여 건물의 외피를 덮는 것으로, 콘크리트의 열화를 방지하고, 장수명화하려고 시도하였다. 「야메시 다세대 교류관」은 금적전인 문제로 정말 많이 힘들었지만, 그때의 경험으로 일정의 방향성을 결정하고, 이 건물을 계기로 건축수법을 진화시켜왔다. 게다가 집합주택의 의뢰가 늘어나면서 기존 건물의 설비배관의 메인터넌스Maintenance가 나쁜 것이 입주율에 영향을 미치고 있는 것을 실감하고, 내용년수耐用年数와 메인터넌스의 양면에서 대책을 생각하기 시작했다. 이 문제는 엄청난 연구를 거쳐, 배관을 외부공간에 설치하고, 주요 배관부분의 교체가 잘 이루어질수 있도록 설계를 실시하여 메인터넌스가 용이하도록 했으나 콘크리트의 중성화에 관한 문제는 좀처럼 해결할 수 없었다. 동시에 환경을 고려한 건축을 목표로 하지 않으면 리파이닝 건축Refining Architecture도 일과성一過性으로 끝나버릴것이라고 하는 생각이 들어 기존건물과 이것을 덮고 있는 금속판板金과 간격을 두어 공기를 배출할 수 있게 함으로써 건물에 냉각장치를 설치하는 것을 고안했다.

현재에는 콘크리트, 외단열, 외부마감재, 내단열, 내부마감재로 구성된 거의 완성형에 가까운 재료가 만들어졌다. 내단열을 실시하는 것으로 콘크리트 자체에 공기가 접촉되지 않기 때문에 중성화를 방지하는 것이 가능하게 되었다. 건축이든지, 재생건축이든지, 완성된 건물이 몇 년을 사용할 수 있는지 하는 「건축의 장수명長寿命」에 관한 연구는 이제 막 연구가 시작된 단계이다. 이런 상황 속에서 현재 활발하게 진행되고 있는 재생건축은 현장 상황을 고려하여 이루어지는 수법이 대부분이며, 재생 후 건축의 수명을 고려하여 실시한 사례는 거의 없다고 해도 과언이 아니다.

장수명 건축의 포인트

최근 몇 년간 도쿄와 후쿠오카의 대도시에 리파이닝 건축의 의뢰가 점점 늘어나고 있지만, 집합주택과 공공건축에 관해서는 아직 재생건축이 일반적인 해결 수법으로 인식되지 않고 있다. 예를 들어 설명하면, 지금 활발하게 이루어지고 있는 학교의 내진공사는 이 건물이 몇 년 사용할 수 있는지를 고려하여 설계가 이루어진 것일까? 나는 최근에는 행정기관을 대상으로 실시한 강연 등에서 내진보강을 하면, 이 후 몇 년동안 건물을 사용할 수 있습니까? 라는 질문을 해보았지만, 시간적인 관점에서 보강이 이루어지지 않고 있었다. 다시 말하면 「지금」 문제가 되는 「내진」만을 생각하고 공사가 진행되고 있으며, 「장수명 건축」이라는 개념이 반영되어 설계가 이루지고 있지는 않은 것 같다.

건물의 생명은 무엇의 의해 결정되는 것일까?

나는 아래에 제시한 3가지의 중요한 포인트가 있다고 생각한다.

첫 번째는 사용용도의 변경 등에 의해 건설 당시의 목적에 부합하지 못하는 공간을 어떻게 파악할 것인가 하는 점이다. 과거 수십년 간의 시간을 살펴 보면, 건물은 IT환경을 제외하고는 생각할 수조차 없는 상황에 이르렀고 시대가 사회 구축을 위한 공간과 설비가 양립하는 방안이 모색되어지고 있다. 이 변화에 대응이 가능한가 아닌가는 건물의 수명과 관련이 있다. 건물을 재생할 때, 공간과 설비환경의 문제해결이 가능한가 불가능한가를 따지고 신축할 것인가 아니면 재생할 것인가를 결정하는 데 크게 좌우하는 포인트이다.

두 번째는 구조상의 문제로 재생 후 이 기존 건물이 일정의 강도를 가지고 있도록 하는 것이 가능한가 불가능한가에 관한 것이다. 현재 일반적으로 건축기준법에 정해져 있는 기준을 만족하면 된다고 하지만, 실제적으로 내가 실시한 리파이닝 건축 사례를 살펴보면 정말로 정교하게 시공된 건물이 있는가 하면, 콘크리트의 압축강도가 설계강도에 도저히 미치지 못하는 건물까지 기존 건물의 구조적 상황은 종류도 다양하다. 그래서 리파이닝 건축에서는 콘크리트의 압축강도 이외에 중성화와 철근을 덮고 있는 콘크리트 두께 등의 모든 조건을 정밀 검사하면서 리파이닝을 하기로 했다. 현재 도쿄도 등의 재생건축의 선진적인 시도를 하고 있는 지자체에는 많은 보조제도가 있으며, 리파이닝 건축을 하기 위한 조사에 착수하는 데 많은 도움이 되고 있다.

세 번째는 건물의 아름다움이다. 맨션 등은 수익을 창출하기 위한 물건이기 때문에 건축주에게는 테넌트의 감소가 재건축을 결정하는데 중요한 요인으로 작용한다. 역시, 아무리 안전하다고 하더라도 아름답지 못하면, 재생하지 않고 스크랩 앤드 빌드Scrap and Build를 생각하는 것은 아닐까? 여성이 화장을 고치는 것처럼 5년, 10년마다 비계를 설치하여 대규모 외장형태를 수선하는 공사와 더불어 용도 변경과 구체 검사 등을 실시하는 것을 2회 반복하면 100년 건축이 가능하게 된다. 이렇게 하면 유럽과 비슷한 수준의 건축물의 장수명이 확립 가능하다고 본다. 앞서 언급한 내용은 고대 로마 건축가 비트루비우스가 제창한 용(用), 강(強), 미(美) 그 자체를 설명하고 있는 것이다. 이와 같은 내용을 어떻게 시장화시킬 것인가가 우리 건축가의 사명이 아닌가라고 생각한다.

신축착공건수는 기존 스톡의 약 1/80

일본건축학회日本建築学会의 도시·건축의 제반 문제를 발견하고 해결방법을 모색하기 위해 구성된 사회 시스템 전략 검토 특별조사위원회(특별조사위원회 위원장 미나미 잇세이南一誠 시바우라공업대학교수芝浦工業大学教授)에서 건축·사회시스템에 관한 연속 심포지움이 개최되고 있다.

제7회 심포지움에서는 건축스톡을 활용하기 위한 건축관련법제도의 과제라는 타이틀로 개최되었으며, 나도 멤버의 일원으로 참가하였다(2011년 6월 25일). 멤버인 타무라 마사쿠니田村誠邦(부동산감정사, ARCBRAIN 대표)의 보고내용에 의하면, 2008년도의 주택토지종합조사에서 일본의 주택 스톡Stock의 총수는 5,759만호이며, 세대수는 4,999만 세대를 크게 넘고 있으며, 공실률은 전국 평균으로 13.1%에 달하고 있다고 한다. 그 중에서도 임대주택의 공실률은 전국평균 18.7%로 상당히 높게 나타났으며, 주택 스톡의 잉여도 현저하게 높게 나타났다. 주택 스톡이 대량으로 남아도는 현재, 주택을 신축하는 것의 합리성은 대단히 낮다.

2008년도 주택 스톡 조사에 의하면 총수는 5,759만 호로 나타났으며, 이것은 2010년도 신축주택착공건수 81.3만동의 약 70년분에 상응한다. 또한, 비주택스톡 총수는 간이 추계치(34.7억m^2, 2010년)는 비주택의 착공면적, 착공량은 기존 스톡의 70분의 1에서 80분의 1 정도에 그치고 있으며, 이제는 신축 건축물을 컨트롤하는 제도와 체제로는 건축물 전체의 질과 이 집합으로 이루어지는 거리와 도시를 변화시킬 수 없다고 타무라 대표는 지적하고 있다. 나는 기존 스톡이 시장의 신뢰성을 전면적으로 얻을 수 있을까하는 문제점이 현 시점에서 상당한 문제를 안고 있어 이 문제를 어떻게 컨트롤할것인가에 있어서 상당히 많은 과제가 산적해 있다고 생각한다. 나는 25년 동안 현재의 방대한 양의 스톡에 대한 시장의 신뢰를 회복시키기 위한 시도로 리파이닝 건축이라는 수법과 함께, 건물 그 자체의 문제와 건축기준법상의 문제에 대해서 다양한 해결방안을 모색하고 실천해 왔다. 리파이닝 이전의 쿠로카와 기쇼Kurokawa Kisho, 黒川紀章, 1934-2007가 설계한 하마마츠 살라浜松サーラ는 그의 작품 중에 뛰어난 작품이라고 할 수 없다. 건축주는 굳이 이런 사실을 거론하려고 하지 않았으나 이 지역에 건재한 모습으로 존재해 온 것과 건설 당시에 건축주가 쿠로카와씨에게 의뢰한 기억들을 생각해 보면 매우 감개무량한 일이다. 나는 지금까지 많은 건축물의 보존운동에 참여해왔지만, 보존 가치가 있는 건축을 단순히 스톡으로 취급해버렸다면 이처럼 열정을 쏟아붓는 것은 불가능했다. 이처럼, 건축이라는 행위를 통해서 자기 자신의 형성에 지대한 영향을 미쳤기 때문에 나는 보존 운동을 선두에 서서 일을 추진할 수 있었다고 생각을 해 본다.

▲ 하마마츠 살라(2000)

건축이 시장의 신뢰를 회복하기 위해서는?

재생건축을 실시하고자 할 때에는 설계내용에 따라 확인신청서를 제출하지 않으면 안 되는 경우가 있으며, 그 조건을 충족하는 설계를 하기 위해서는 필수적으로 확인신청서의 제출이 요구되지만, 리파이닝 건축의 경우는 신축시에 확인신청을 하는 것처럼 사전에 확인신청서를 제출한다. 확인신청서와 검사완료증서는 현재의 법제도에 기반을 두고 최대한 시장의 신뢰를 얻을 수 있도록 하는 것이며, 그 이상의 것도 이하의 것도 아니다.

나는 건축기준법에 의거하여 설계와 공사를 실시하여 건물을 완성함으로써 시장의 신뢰를 얻을 수 있다고 확신한다. 지금까지 실시한 리파이닝 건축에서는 기존건물의 구조체를 스켈레톤Skelecton으로 보고 현행의 내진기준을 만족하지 않은 부분에 대해서는 내진공사를 실시하고, 크렉 등, 경년변화와 신축시의 결손부분도 전부 수복하고, 그 조사와 공사경과를 「가력서家歷書」로 기록하고 있다. 다시 말하면, 리파이닝 건축을 실시함에 있어 과거에 실시한 모든 공사와 경년변화를 체크하고, 꼼꼼하고 섬세하게 유지보수를 실시하여 현행법에 규정되어 있는 강도와 품질을 회복시키고자 하는 것이다.

가력서家歷書

불충분한 내구성

이와 같은 리파이닝 건축의 공사감리를 해 보면, 과연 일본의 건축기술은 어느 정도 수준인지 의문을 갖지 않을 수가 없다. 단순하게 새로운 내진보수를 실시한 건물이라고 해서 모든 부분이 괜찮을 것이라고 생각이 들지 않을 것이다. 나의 경험을 바탕으로 이야기하면 건물이 지어진 장소, 년대, 시공회사 그리고 그 지역의 플랜 등의 영향을 받으며, 뛰어난 시공기술로 건설된 건물이 있는가 하면 눈을 의심할 정도의 충격적인 건물까지 다양하다. 지금 다시 건축이 시장의 신뢰를 얻을 수 있도록 하려면 이와 같은 것에 어떻게 대처할 것인가를 빼고는 이야기할 수 없다. 아네하姉歯 건축설계사무소에 의한 구조계산서의 위조사건이 발생한 이후, 확인신청의 조사가 민간에 개방되어 특정 행정청의 조사 능력이 현저하게 떨어지는 결과를 초래했다는 사실을 모두가 인정하고 있다. 트레이닝을 지속적으로 실시하지 않아 기술과 육체의 급격한 약체화를 초래했다. 민간심사회사가 늘어나고, 지금까지는 심사받던 측에 있었던 기술자가 심사하는 측으로 입장이 바꾸었던 것은 심사기술의 저하를 유발했다. 심사하는 측과 심사받는 측간의 상호기술교류 및 협력체계를 구축하고, 확인신청 전반의 판단기준을 수정하고, 기술의 전승을 실시하지 않으면 혼란은 가중될 것이다. 스톡을 재생하는 작업은 모든 판단에 있어서 「언제」, 「누가」, 「무엇을」, 「어떻게 결정했는지」를 명확히 할 필요가 있다. 마감재를 뜯어보면 구체의 상황을 일목요연하게 파악할 수 있다. 어떻게 보강할 것인가와 비용을 어떻게 컨트롤할 것인가의 조율이 계속 이루어지며, 항상 자문자답하는 부분이다. 그것을 명확하게 하지 않으면, 리파이닝 건축의 신뢰성을 얻을 수 없다고 생각한다. 즉, 결정 프로세스의 투명화이다. 이것을 판단하는 중책을 맡은 사람은 어깨에 상당한 중압감과 책임감이 따른다. 그에 상응하는 사회적 지위와 그에 상응하는 대가가 보장되며, 권위있는 자격시험 등도 검토해야 한다. 이것에 의해 사장의 신뢰를 얻을 수 있으며, 또한 기술 레벨이 높아질 뿐만 아니라 우리 건축가의 지위 향상으로 연결된다고 생각한다. 결코 쉽지 않겠지만, 시행하지 않으면 안 될 것이다.

어머니의 집

세계 건축계에는「어머니」를 테마로 설계한 어머니의 애정을 담은 작품이 다수 존재한다.

현재 모든 면에서 불확정한 상태로 진행되고 있는 것이 재생건축이지만, 수법에 대해서 지침이 마련되고, 청렴하고 결백하게 아름다운 시공이 이루어지면 장수명 건축이 실현될 것이다. 장수명 건축의 기준을 정립하는 작업은 이후 전문가들 간의 많은 논쟁을 통해서 이루어져야 한다고 생각한다.

나는 사무소에서 리파이닝 건축의 기술적인 기준에 대해서 예전에 게재한 내용을 바탕으로 메뉴얼 작업을 하고 있지만 가장 기본이 되는 것은 담당자의 마음가짐 문제이다. 예를 들어, 현장에서 즉각적인 대응조치가 이루어지지 않아 공사에 지장을 초래하는 경우 담당자는 어떤 기준으로 판단해야 할까? 메뉴얼은 공사 방법을 설명해 놓은 지침서에 불과하며, 메뉴얼에 명시되어 있지 않은 상황이 현장에서는 다수 발생한다. 현장에서 예기치 못한 상황이 발생했을 때, 이 현장이 내가 사랑하는 사람의 집, 예를 들어「어머니의 집」이라고 한다면 잘못된 점이 있을 때 잘못됐다고 지적할 것이며, 납득할 때까지 공사를 진행하지 않을 것이다. 다시 말해「어머니의 집」을 시공하는 것 같은 기분으로 모든 것을 판단한다면 건물을 안전하고 경제적이며 합리성을 가진 장기간의 사용에도 견딜수 있는 건축이 창조되지 않을까 생각한다. 그리고 인간은 어느 시점에서는 판단을 하지 않으면 안 되는데, 판단에 의해 규정되는 부분에 오류가 발생할 수 있으므로「언제」,「누가」,「어디서」,「무엇을」,「어떻게 결단을 내렸는지」에 대한 프로세스를 명확히 하고 일정의 기준을 규정하지 않으면 안 된다.

나는 스태프들에게 위에서 언급한 내용을 중심으로 조기에 교육을 실시한다.

도시건축의 리파이닝 건축 모델

▲ YS BLD. (2011)

건축계 상황은 25년 사이에 급변했다. 특히 아네하姉歯사건으로 성선설에 의거하여 재정된 건축기준법이 성악설로 바뀌었으며, 우리 건축가들이 마치 피고석에 서 있는 것 같은 시간이 흘렀다. 내가 아는 한 건축가는 아네하 사건을 해결하는 별다른 방법을 찾지 못한 채 정부가 제정한 지침을 준수하는 데만 오로지 힘을 기울이고 있다. 나는 이 사건의 불똥이 떨어졌어도 묵묵히 한결같이 리파이닝 건축이라고 하는 수법을 실천하려고 했던 것이 클라이언트의 신뢰를 얻을 수 있었다고 생각한다. 지금 이 순간 나에게 건축 재생을 의뢰하는 클라이언트의 고뇌가 가슴에 와 닿는다. 신축과는 달리 리파이닝 건축을 실시하는 것은 사전조사에 많은 시간과 경비가 소요된다. 이 비용은 전체 공사비의 몇 퍼센트에 지나지 않지만, 내가 리파이닝 건축을 시작했을 당시에는 공사비를 받지 못하는 상황도 빈번하게 발생했다. 그러나 지금은 아네하 사건이 진정 국면에 접어들면서 확인신청과 검사완료증서가 필요한 클라이언트는 다소 무리를 해서라도 나의 제안을 받아들였다. 그 동안 가까이에서 지켜봐왔던 나 역시 겪어보지 못했다면 클라이언트의 고뇌를 이해하지 못하고 있었던 것은 아닌가 하는 생각이 들었다. 그래서 내 자신이 리파이닝 건축을 몸소 실험을 해보기로 했다.

대학에서 조사연구부터

현재 내가 재직중인 수도대학동경에서 일본 도쿄도東京都와 연계해서 도시문제해결을 위해 공동프로젝트(L.P. Met:Leading Project for the Metropolis)를 진행하고 있는데 그중 하나로 내가 프로젝트 리더를 담당하는「리파이닝 건축 개발 프로젝트 연구」가 있다. 우리는「단지」라고 불리는 공영집합주택이 방대한 양의 스톡으로 인하여 현재 말기적 위기를 겪고 있는 이유를 최근 수년간 두 개의 지자체의 단지를 통하여 상세하게 조사하였다(『단지를 리파이닝하자』). 그 결과, 사용하지 않는 공간은 상상을 뛰어넘는 황폐화가 진행되어 있었고 신속히 손을 쓰지 않으면 스크랩 앤드 빌드Scrap and Build를 추진하기도 쉽지 않은 상태였다. 민간임대집합주택에 관해서는 거주하면서 시공을 실시한 상당히 난이도가 높은 사례를 실적을 쌓아왔기에 그다지 걱정은 하지 않지만 공영주택은 많은 난해한 문제를 앉고 있다. 입지조건적으로 무리해서 지어진 단지도 많으며, 또한 동시에 대량으로 공급되었기 때문에 균일한 실배치와 무미건조한 디자인이 대부분며 현대생활의 변화에 따른 다양화에 대응하지 못하고 있었다. 도쿄도에 속해 있는 단지는 입주율이 높은 곳도 있지만, 지방에서는 계속해서 고전을 면치 못하는 상황이다. 내가 조사한 단지에서는 입지조건에 따라 크게 차이가 나고 있었다. 이와 같은 단지를 재생하는 경우 상세한 조사를 실시하고 입지에 적합한 대응을 고려하면서 재생을 실시하고 재생후 30~50년의 장기적인 스팬으로 견딜 수 있도록 해야 한다. 예를 들어 도쿄 히가시쿠루메東京都東久留米市단지는 공실률이 2%이지만, 이 단지 전체를 재생하기 위해서는 과연 몇 년이 소요될 것인가? 순차적으로.

단지를 리파이닝하자 (2011)표지

리파이닝을 실시해 나가려면 상상조차 할 수 없는 시간이 필요하다. 이에 대한 대책으로 단지내에 재생을 담당하는 시공자를 거주시켜 공사를 실시하면 주인의 세대교체도 일어나고 무엇보다도 지역 자체의 생산성이 높아지는 구조가 구축되고 지역의 활성화로 연결될 것이라고 생각한다. 현재, 단지내에서 생산활동을 할 수 있도록 지원서비스를 도입하지 않으면 단지재생의 활로를 개척할 수 없다고 생각한다. 특히 공실율이 30%를 넘는 단지는 이미 말기적 증상이 나타나고 있으며 서둘러 공사에 착수하도록 해야 한다.

히가시쿠루메 단지

이같은 단지를 리파이닝하기 위해 기술적인 문제에 관해서는 지금까지 실시한 민간집합주택의 리파이닝 사례에서 대부분 축적해 왔다. 민간집합주택에서 무엇보다도 사업수지가 가장 중요한 포인트이다. 민간집합주택은 입지조건이 좋아서 입지조건의 걱정은 없지만 사업수지가 매우 엄격하게 요구되기 때문에 수지에 맞는 공법과 플랜을 선정해서 공사를 실시해야 했다. 그래서 유감스럽게도 분양집합주택을 대상으로 리파이닝을 완성한 건물은 없다. 현재 두 건의 분양집합주택 리파이닝의 기본구상을 하고 있지만 이것이 완성되면 또 하나의 큰 산을 넘게 되는 것이다.

No.1
Refining of Manjuso

만주소滿珠荘 리파이닝

빛이 투과되고 바람이 통하는 수직공간 신설과 공간 재배치

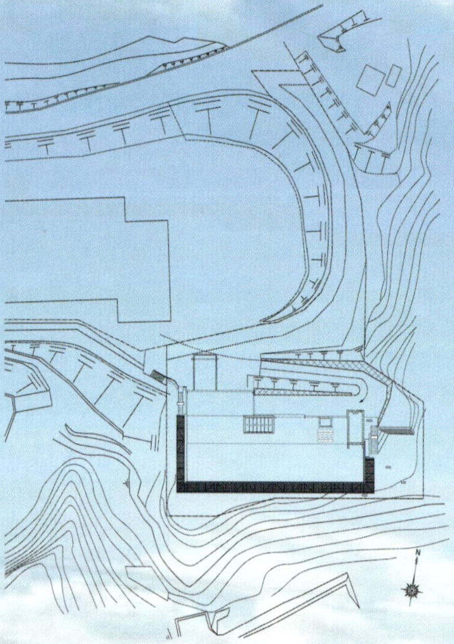

SITE 축척 1/600

▲ 북측 전경. 돌출부는 내부로 진입하는 어프로치

2층 라운지, 레스트랑 플로어. 창밖으로 간몬해협關門海峽(혼슈(本州)와 규슈(九州) 사이의 해협)을 가로지르는 대교.자동차 고속도로, 좌측으로는 모지門司

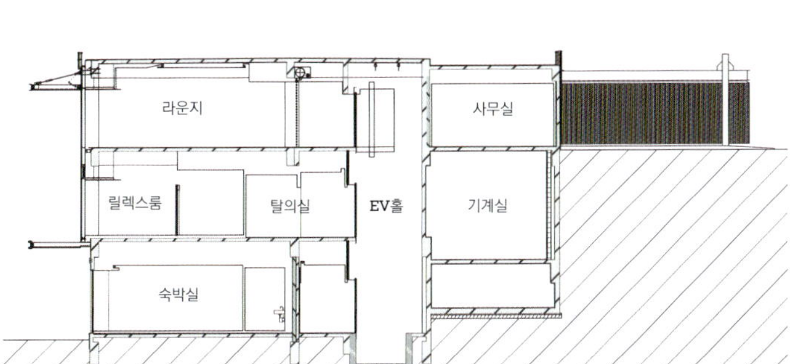

남북 단면도 축척 1/350

어프로치. 엔터런스홀, 로비 및 라운지를 연결

▲ 1층 공용욕실(세토나이카이瀨戶內海방향 조망)

남북 단면도 축척 1/350 ▶

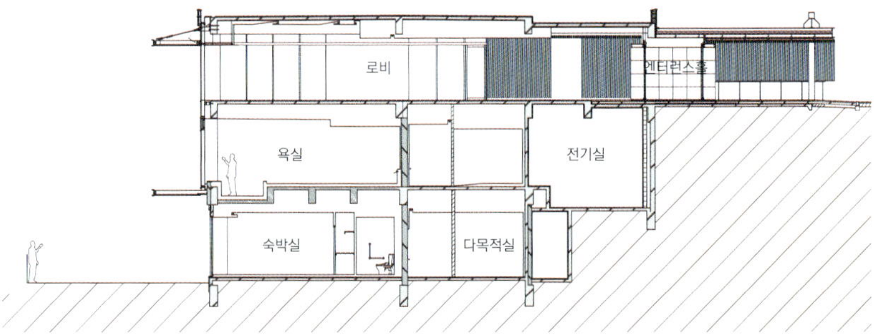

릴렉스 룸 ▶

공용욕실(해협대교海峽大橋방향 조망) ▼

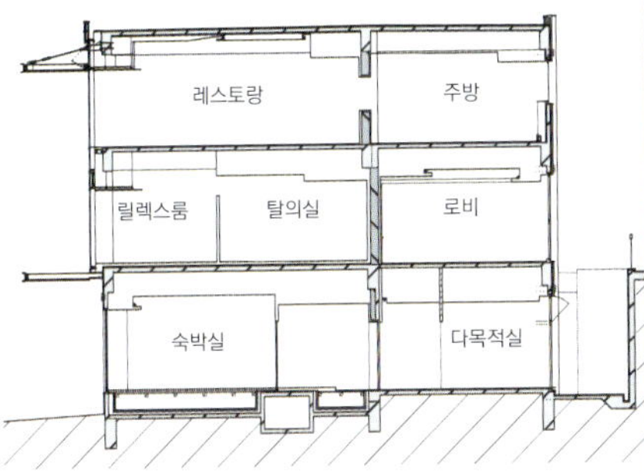

▲ 남북 단면도 축척 1/350

▶ 남측 외관. 글래이징Glazing을 외부차양으로 활용

▼ 숙박실. 객실은 다양한 색채를 적용해 분위기를 연출

리파이닝을 실시한 후 신설된 계단. 톱 라이드에서 빛이 자하층까지 유입

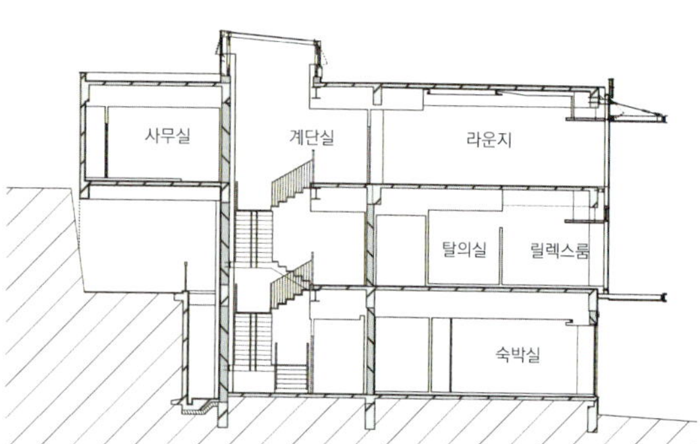

남북 단면도A 축척 1/350

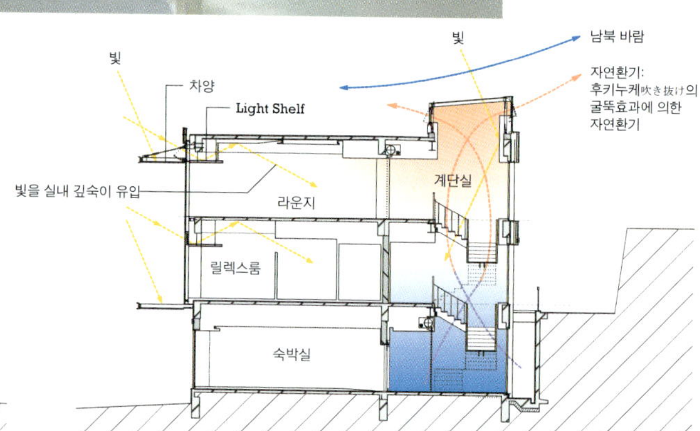

남북 단면도B (하계의 일사차폐)

▲ 1층 로비와 신설된
3층 후키누키 계단실

◀ 지하층 다목적실

▶ 빛과 바람이 유입되는
3층 후키누케의 계단실과
숙박실 통로

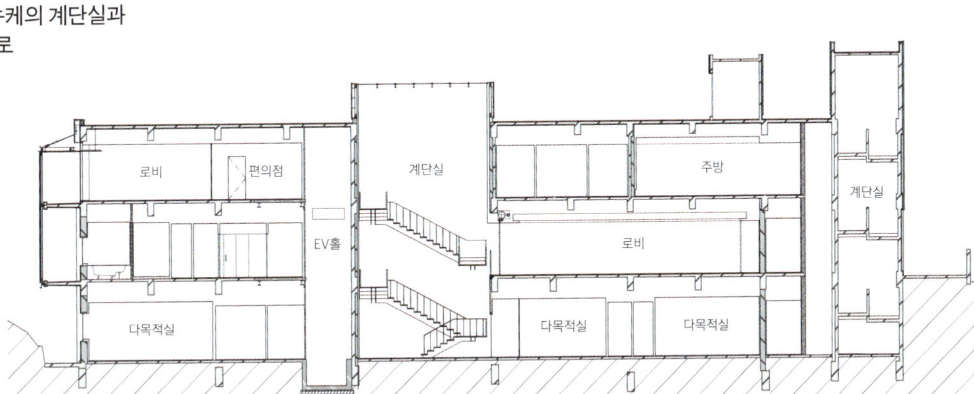

▲ 동서 단면도 축척 1/350 (EV 신설)

Refining Point

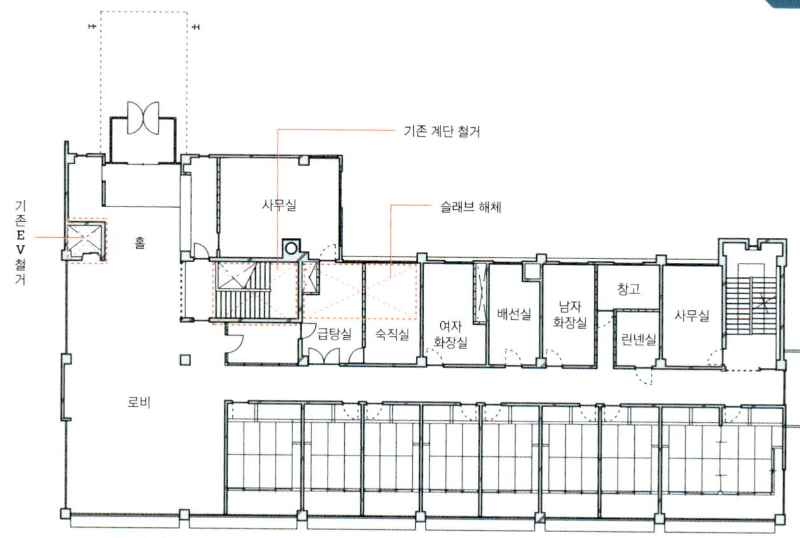

▲ 2층 평면도(Before)

⊕ 2층(최상층)

이용자가 엑세스하는 플로어.
당초 다다미 6~12장 크기의 일본식 객실이었지만, 리파이닝을 실시한 후에는 원룸형 객실로 바뀌었으며, 시민이 편안하고 쉽게 접근하여 조망을 즐길 수 있도록 라운지와 식당을 동일한 플로어에 계획했다.
식당은 수용인원의 유동성과 불확실성에 대비하여 가변성과 확장성을 고려하였으며, 가변 가능한 다다미 공간을 배치했다.
건물 중앙 부근의 바닥을 해체하고 후키누케를 설치하였으며, 수직동선 계단을 설치하였다.
상부에는 톱라이트를 설치하여 지하층까지 자연광을 유입시켰다.
후키누케의 최상부에는 남북방향 환기창을 설치하여 굴뚝효과에 의한 자연환기를 계획했다.

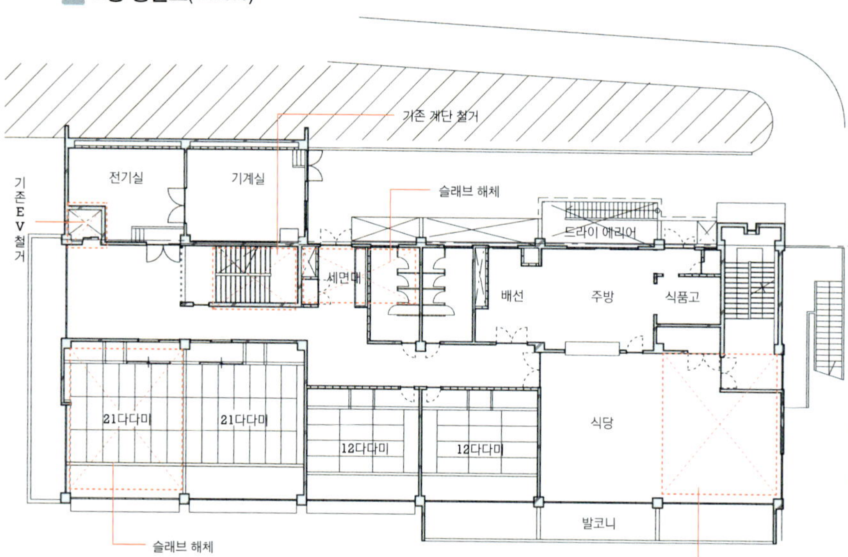

▲ 1층 평면도(Before)

⊕ 1층(중간층)

기존에는 공용 목욕탕이 최하층에 배치되어 있었지만, 이용률이 매우 높았기 때문에 리파이닝을 실시한 후에는 1층에 배치했다.
목욕을 즐기면서 외부의 전망을 조망하는 목욕탕으로 바꿨다.
목욕탕을 동서측에 한개소씩 배치하여 관몬대교関門橋와 스노다와周防灘의 경치를 즐길 수 있도록 배치했다.
목욕탕을 건물의 양단에 배치함으로써 배수관을 최단거리로 시공할 수 있었으며, 메인터넌스성을 향상시켰다.

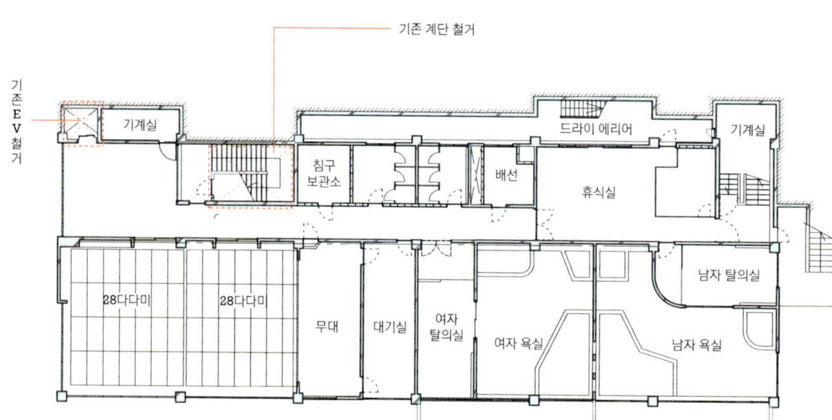

▲ 지하층 평면도(Before) 축척 1/400

⊕ 지하(최하층)

최하층에 대형오픈공간이 배치되어 있었기 때문에 내력벽이 적어서 건물 전체의 구조적 밸런스가 나빴다. 리파이닝을 실시하여 숙박실을 최하층에 배치시키고 각 실을 구획하는 경계벽을 내진벽으로 하여 구조적 밸런스를 향상시켰다. 최하층에 숙박실을 배치함에 따라 취침시 화재 등의 긴급한 상황이 발생했을 때 신속하게 옥외로 피난할 수 있도록 계획하였다. 투숙객이 자신의 룸을 인식하기 쉽게 하기 위해 객실의 벽면 한 면을 각기 다른 색으로 칠했다.

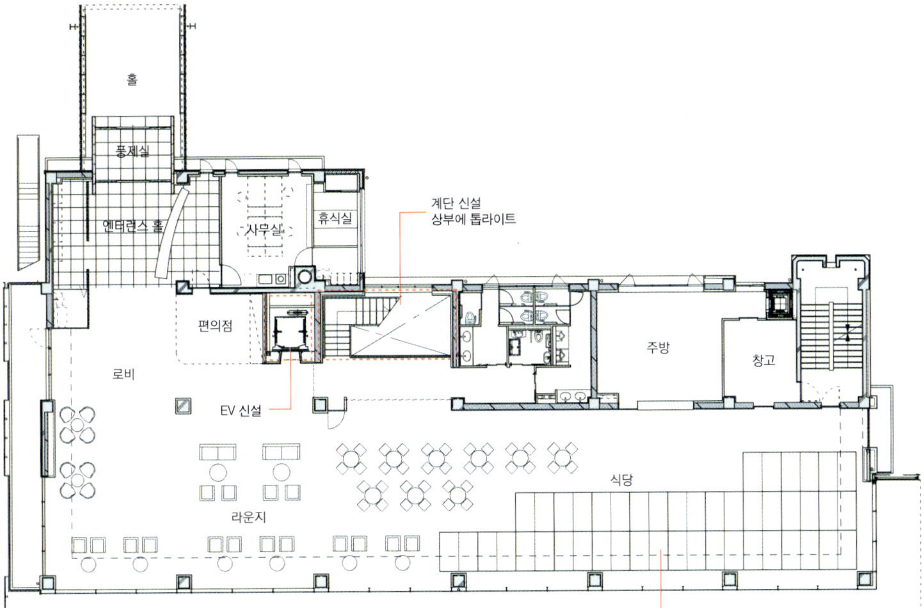

▲ 2층 평면도(After)

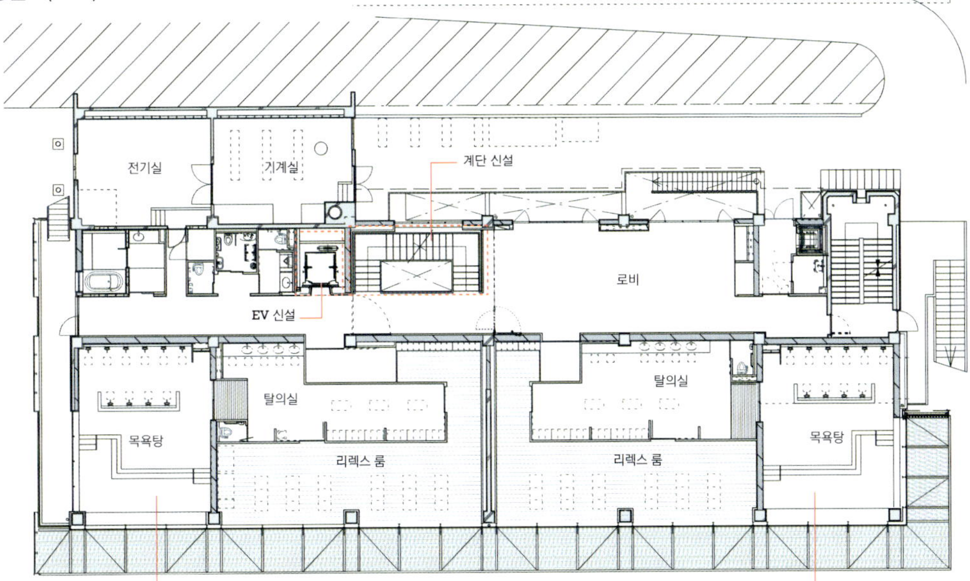

▲ 1층 평면도(After)

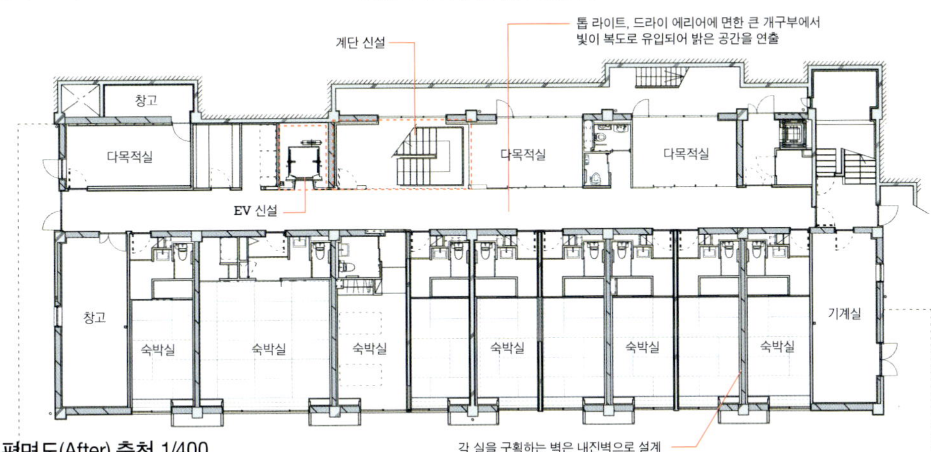

▲ 지하층 평면도(After) 축척 1/400

▲ 넓은 차양을 설치하고 오션뷰의 파사드를 일신함으로써 건물의 자태를 변모시킨 남측 외관.
지하층은 객실 플로어로 계획하고 칸막이벽을 내진보강요소로 활용하였다.

▲ 리파이닝 전의 남측 외관

▲ 1층 다다미 21장 크기의 다다미방
▼ 무대가 있는 지하층은
다다미 28장 크기의 다다미방

동측 외관. 건물의 외관에 글레이징으로 대형 차양을 설치하여 정연하고 정돈된 형태미를 추구했다.

최상층(2층), 기존의 칸막이벽을 해체

플로어 해체 후. 좌측에 수직으로 빛이 투과되는 공간을 계획. 이곳에 3개층 후키누케를 설치

리파이닝 후의 라운지. 남측에는 내진요소를 설치하지 않고, 전면 개구부를 설치하여 조망을 확보. 내부 천장은 일렁이는 파도를 모티브로 디자인.

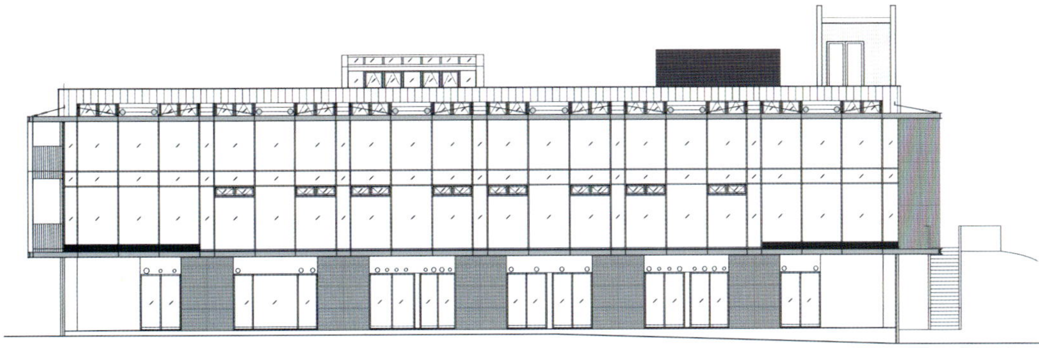
남측 입면 축척 1/350

동측 입면

북측 입면

북동측 외관

▲ 2층 플로어 일부를 해체중

▲ 옥상의 슬래브를 해체하고 톱 라이트 설치

◀ 1층 플로어 일부를 해체중. 좌측 벽에 구 계단실이었던 흔적이 남았다. 이 부분은 엘리베이터를 설치할 수 있는 만큼만 남겨두고 바닥공사를 실시했다.
그리고 3개층 바닥의 한스판을 해체하여 후키누케 공간을 설치하고, 옥상에는 톱 라이트 공사를 실시했다.

▲ 공사현장, 간몬대교가 보인다.

▼ 기존 건물의 배면

◀ 지하층 플로어 해체 및 보강 공사

지하층 기존 욕실 해체 후, 드라이 에리어에서 바라봄

지하층 기존 슬래브 해체한 후, 기존 지중보가 나타남

1층 주방 해체하여 리파이닝 시공 후 로비를 배치함

욕실 부분의 1층 슬래브를 해체하여 후키누케가 형성된 상태를 지하층과 1층에서 바라봄

라파이닝 공사중의 1층 욕실 슬래브

신규 계단을 설치하기 위해 기존 슬래브의 해체 공사중

기존 기둥의 단면결손보수요령을 확인중

1층 릴렉스룸이 배치되는 공간을 욕실에서 바라봄

내진벽 배근

내진벽 배근(2층)

내진벽 배근(2층)

내진벽 증타설과 후 시공 앙카의 인발시험

후 시공 앙카의 인발 시험(바닥 방향)

지하층 내진벽 콘크리트 타설 중. 상부에서 콘크리트를 타설하고, 하부에서는 거푸집을 타격함

Diagram

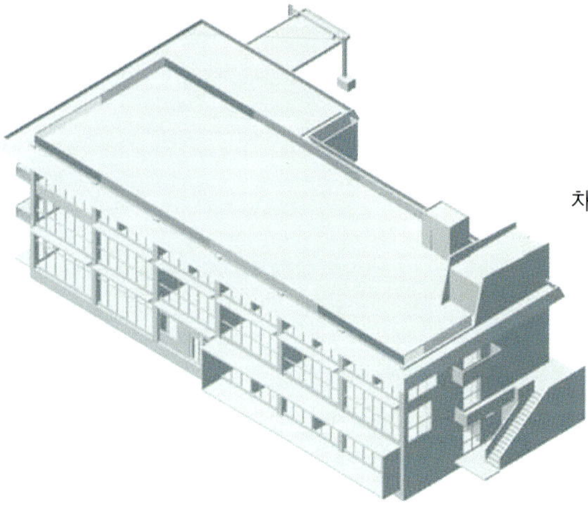

1 기존건물

1973년에 건설한 지하 1층, 지상 2층의 RC구조의 노인요양시설에 리파이닝을 실시한 프로젝트

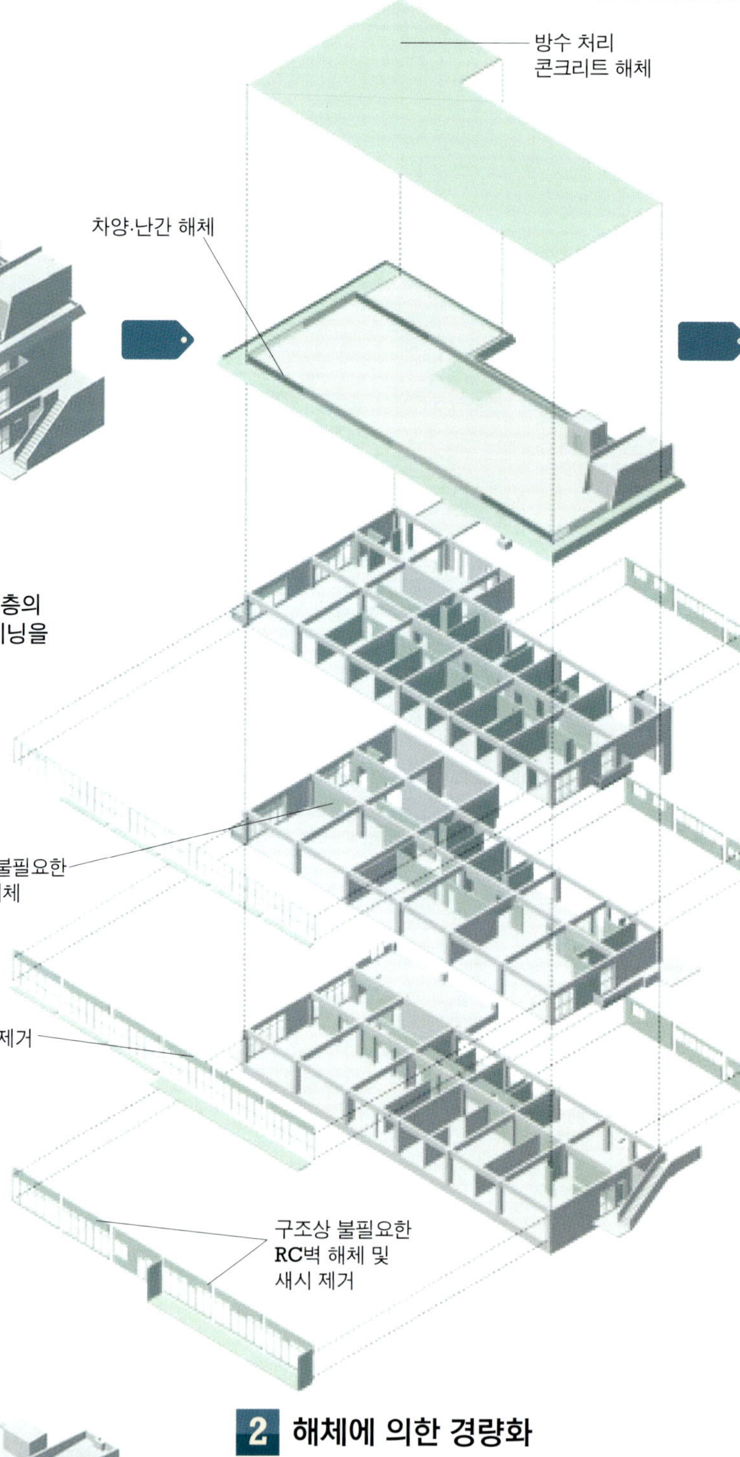

2 해체에 의한 경량화

구조상 불필요한 RC벽을 해체하고, 건물방수공사를 실시한 후, 기존의 방수 콘크리트를 해체하여 건물 전체의 중량을 감소시켰다.

6 리파이닝 완료

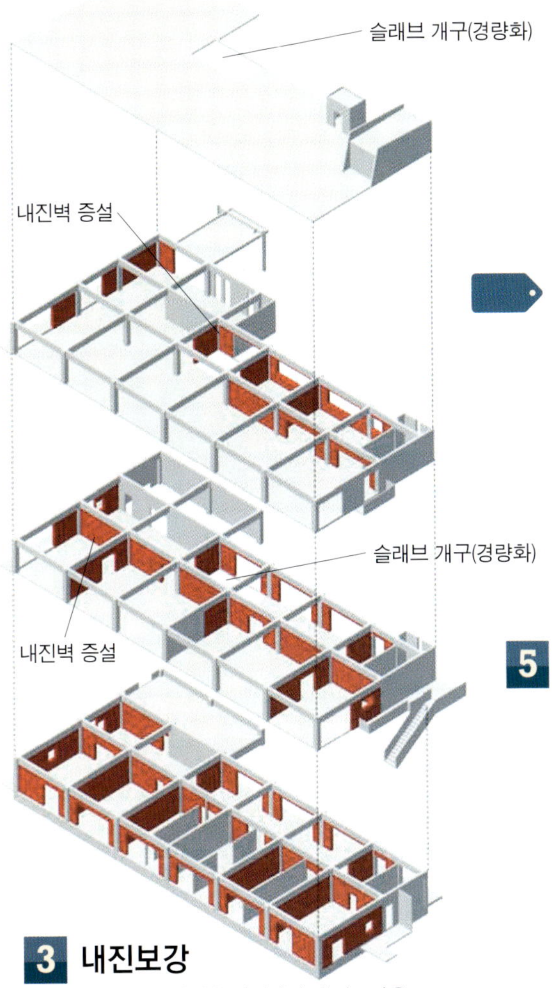

3 내진보강

RC구조 내진벽을 설치하여 내진보강을 실시하였다. 오션뷰를 최대한 살리기 위해 지하층 이외의 층에는 남쪽 파사드를 제외하고 내진보강을 실시했다.

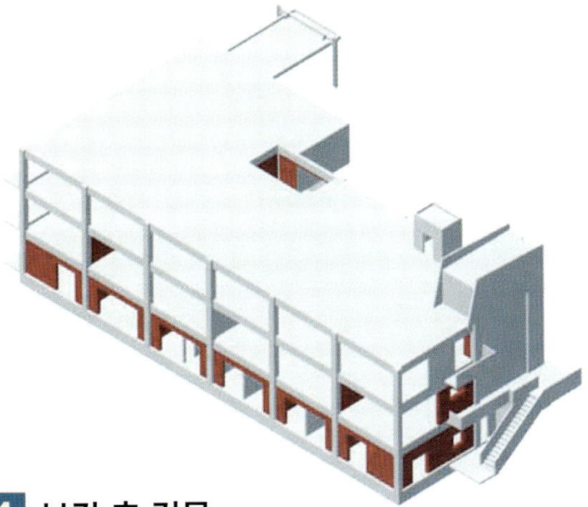

4 보강 후 건물

5 해체에 의한 경량화

구조체 보호를 위하여 건물을 갈바늄Galvalume강판으로 덮어 장수명화를 모색했다. 바다가 보이는 남측의 조망을 확보하기 위해서 유리 커튼월을 설치했지만, 청소와 여름의 일사차단을 고려하여 글래이징Glazing 차양을 설치했다. 그리고 계단을 새롭게 설치하고 상부에 설치한 톱라이트는 굴뚝.흡인 효과에 의해 양호한 자연환기와 지하 공간에 자연채광을 유입하고 있다.

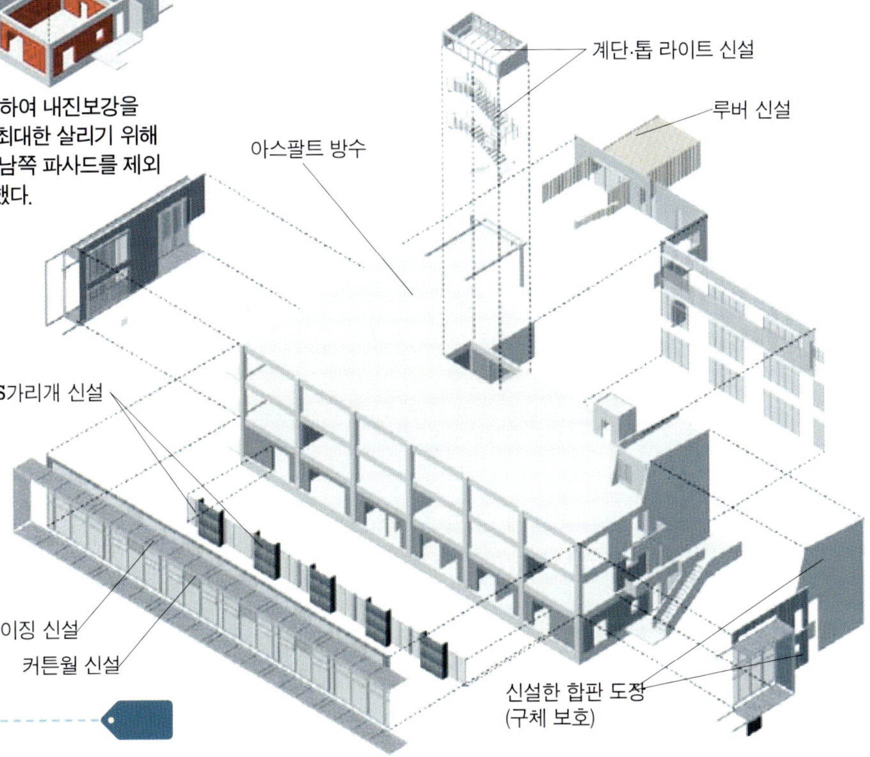

Toward long-life architecture No.1

만주소滿珠荘 리파이닝

간몬해협關門海峡을 관망하는 노후화된 공공시설의 리파이닝

만주소는 시모노세키下関의 간몬해협을 내려다 볼 수 있는 높은지대에 위치하고 있으며, 오랜 시간동안 시민에게 사랑받아 온 공공숙박시설이다. 그러나 시대적, 사회적 변화에 따른 기능적 열화와 진부화를 극복하고 높은 기능상태를 회복시키기 위해 리파이닝 건축을 실시하여 재탄생하게 되었다. 이 지역에는 간몬경관조례가 제정되어 있었으며, 외관 디자인에 대한 색채 및 디자인 등이 자연경관과 조화되도록 규제하고 있었다. 이 때문에 자연과 호흡하고 편안함이 배어나오는 건물을 계획했다. 눈앞에 펼쳐진 간몬해협과 간몬대교가 마중을 나와주는 절경을 감상하기 위한 최적의 장소이다. 장소성의 가치를 파악하고, 이것을 건축형태구성에 적극적으로 반영시키는 작업을 시작했다. 기존 건물은 지상 2층, 지하 1층의 3개층으로 구성되어 있었으며, 경사지에 건설되어 있어서 3개층의 2층 부분에 어프로치가 형성되어 있었다. 2층으로 들어오면 메인 로비에서 간몬해협을 한눈에 바라볼 수 있고, 눈밑으로는 조수의 흐름을 타거나 저항하면서 항해하는 선박이 펼쳐져 있다. 때로는 잠수함이 물위로 부상하여 모습을 노출시켜 운항하는 모습 등 이곳에서만 볼 수 있는 관경이 펼쳐지며, 하루종일 바라보고 있어도 질리지 않는다. 해협 건너편에 있는 언덕에는 기타큐슈北九州시의 모지門司 거리와 항만시설, 그리고 분고豊後수도도 멀리 바라볼 수 있다. 이와 같은 풍경을 최대한 내부로 끌어들이기 위해서 건물의 3면을 전면유리를 배치하여 270도 전경 파노라마를 마음껏 즐길수 있도록 최우선적으로 고려하였다. 1층 플로어에는 날짜에 따라 남녀가 교대하여 사용할 수 있도록 2개의 목욕탕과 휴식공간을 설치했다. 특히 조망을 확보하기 위해 탕은 90도로 굽어진 L형으로 설치하여 탕에 들어가서 풍경을 즐길 수 있도록 설계하였다. 그리고 1층에서 지하로 내려오면 객실이 배치되어 있어 편안하게 숙박할 수 있도록 안락한 실내공간을 연출하였다.

이3층건물의중심에는지하에서옥상까지수직연결공간을 만들어 지하층까지 빛이 들어올 수 있도록 후키누케를 설치했다. 설치된 후키누케에 의해 옥외에 바람이 불지않는 상황에도 온도차에 의해 공기가 순환되고, 자연환기가 형성되는 건축물로 설계·시공했다. 2011년 8월 10일 실시한 해체보수보강공사를 마무리하고 견학회를 실시했다. 견학회에는 50명 정도가 참가하였으며, 참가자 모두가 시공상태를 체크하면서 건물의 안정성에 대한 점검을 실시하였다. 기존건물 자체가 시공성능이 우수했기 때문에 크게 우려할 만한 상태는 아니였지만 보강된 내력벽을 볼 수 있도록 하여 건물의 안전성과 품질이 향상되었다는 사실 등을 납득시킬 수 있었다.

지하층에서 2층까지 이르는 3개층에 설계된 후키누케는 계단실로 사용되고 있지만, 당초 예상했던것 이상으로 빛과 바람이 유입되고 있다는 것을 확인할 수 있었다. 오래된 건물의 음침하고 스산한 분위기의 공간이 일소一掃되고 밝고 쾌적한 건물이 만들어지고 있는 현장 견학회에 참가한 시의회 의원들도 납득하고 돌아갔다고 생각한다.

이번 사례는 이후 노후화된 공공건축물에 리파이닝 건축 수법을 적용하는 데 이정표가 될 것임을 믿어 의심치 않는다.

◀ 2층 라운지와 레스토랑. 일부는 다다미를 깔 수 있는 공간을 계획함

▶ 해체 완료 후에 열린 현장 견학회. 아오키씨와 현장스텝이 설명을 하고 있다.

Refining of Manjuso

Renewal of old public facilities with a great view of the Kanmon Straits

Manjuso is located in an upland area in Shimonoseki facing Kanmon Straits and has been loved by the citizens for a long time. However the function of the building had become degraded and had to be recovered with refining technology. Colors and other aspects of the external design are regulated by Kanmon landscape regulations for this area and hence ornate designs were not permitted. So I planned to put the building in a green environment.

The location was excellent with a view of Kanmon Straits and Kanmon Bridge. I tried to take advantage of the place for the design of the building. The existing building had two stories above ground and one below. Since the building was on a slope, the entrance was on the top floor. From the main lobby inside the entrance on the top floor, we could see Kanmon Straits and ships coming and going as the tide ebbed and flowed. In some cases we could even see submarines passing by out at sea. This is an incredible viewing point with the sea providing an endlessly changing vista. We could also see Moji town of Kitakyushu City and port facilities on the opposite shore, and Bungo Channel.

To have a 270°-wide panoramic view of this landscape, glass windows were used for three faces of the space. Two bathrooms and rest rooms that men and women could use in turn from day to day were made on the first floor. Also to have a good view, the bathrooms were made L-shaped so that users could enjoy the landscape from the bathtub. On the first basement level, guest rooms were made for guests to stay comfortably.

We also made an atrium in this three-story building by installing a vertical shaft space from the basement to the top so that sunlight could reach the basement level. The temperature difference in this atrium created an air flow even when no wind blew outside the building, realizing natural ventilation. In the observation tour held on August 10, 2011 after the building was repaired and reinforced, 50 participants checked the construction and the safety of the building. Since the existing building had been originally built using high-level technology, we had no concern about its safety even before the renewal. But the participants seemed satisfied with the safer building, looking at the reinforced walls with additional concrete.

The atrium from the basement to the second floor above the ground is a staircase. We confirmed in the observation tour that even more sunlight and wind entered the building than expected. The humid atmosphere of the old building was cleared and changed to a bright comfortable building, which seemed to impress the city councilors who joined the tour. This case could be a milestone for future refining work of old public buildings.

No.2
Refining of Kiyose Keyaki Hall

기요세清瀨 게야키 홀

내외장의 일신과 패시브 디자인 기법으로 거리의 새로운 얼굴로 재탄생

◀ **R형 외벽의 내측은 2층에 위치한 홀.** 포이어Foyer에 접근하는 계단을 설치. 불연목재로 마감 처리하여 R형상의 벽이 어프로치 공간을 풍부하게 한다.

▶ 상부로 부풀어 오른 R형의 벽은 보행자에게 압박감을 주지 않는다.

▼ 1층 공용 로비와 2층 포이어에 접근하는 계단. 이벤트가 열릴 때는 스테이지로 사용된다.

◀ **오케스트라 공연 모습.**
계단형 객석으로 바꾸기 위해 콘서트홀 바닥 레벨을 점층적으로 경사지게 하는 공사를 실시하여 보다 좋은 감상공간으로 만들었다. 또한, 발코니 객석을 설치함으로써 공연자에게는 한층 더 고양감高揚感을 가질 수 있는 콘서트홀. 목재로 마감하여 부드럽고 편안한 홀로 재탄생하였다.

▼ Before: 구 홀의 객석은 전면부와 후면부에 거의 레벨차가 없었다.

▲ 계단형 객석과 발코니 객석의 증축. 무대와 일체감이 있는 홀로 재탄생하였다. 객석수는 481석에서 508석으로 증가했다.

◀ 콘서트홀의 리파이닝 공사. 객석에서 무대를 바라봄.
구 홀의 무대와 객석을 전부 해체하고, 새로운 바닥기초공사가 이루어지고 있다.

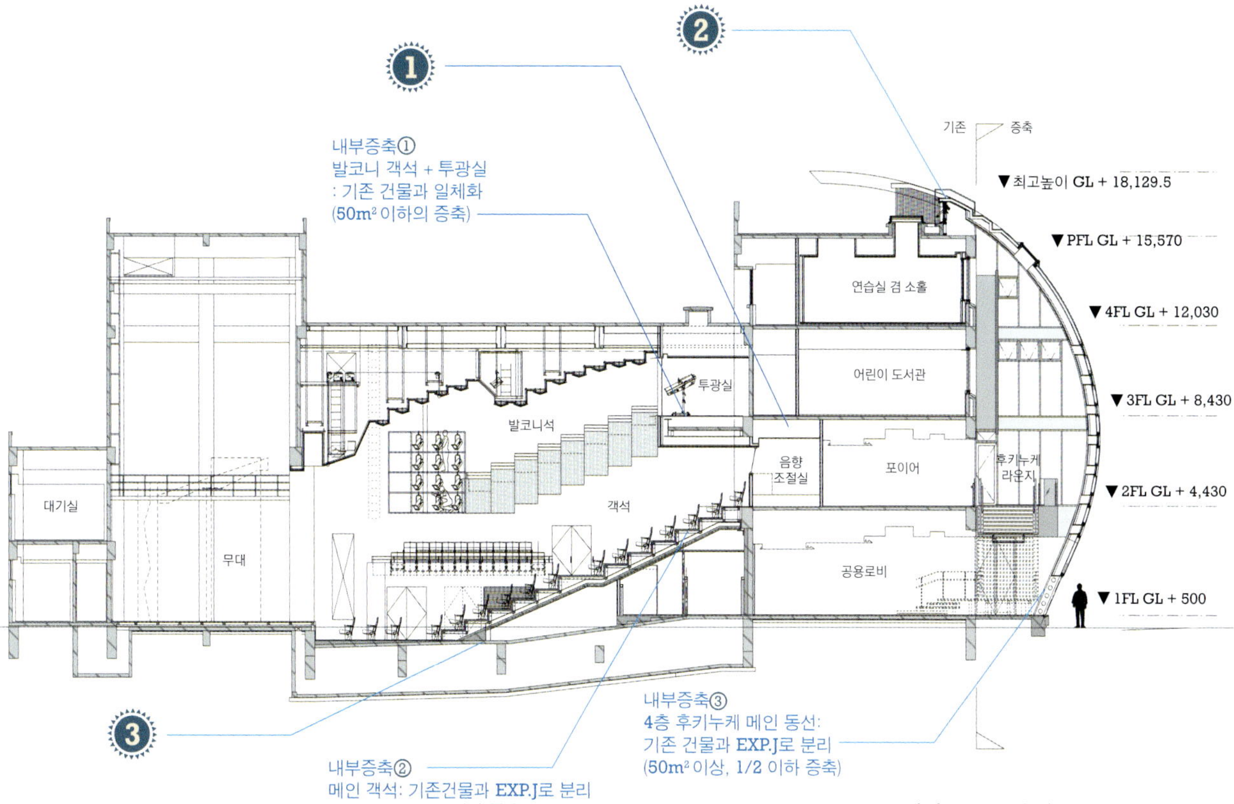

단면도(after) 축척 1/300

Refining Point

1. 기존 건물의 보 상하부의 두께를 재확인하고 설비배관 계획을 실시하여 천정고를 설정. 주요공간들의 천정고를 최대한 확보했다.
2. 건물내부의 우수 침입을 막기위해 증축 지붕(S구조)으로 기존(RC구조) 건물을 감싸고 증축부와 기존부의 층간 레벨차를 고려하여 Expansion joint를 설치했다.
3. 베리어프리를 고려하여 기존부분의 바닥레벨을 설정하고, 이와 연동시켜 증축부분의 바닥레벨을 설정. 상하층의 단면도를 비교 검토하면서 콘서트홀의 객석부의 개선과 발코니석의 증설 및 음향환경의 개선을 도모했다.

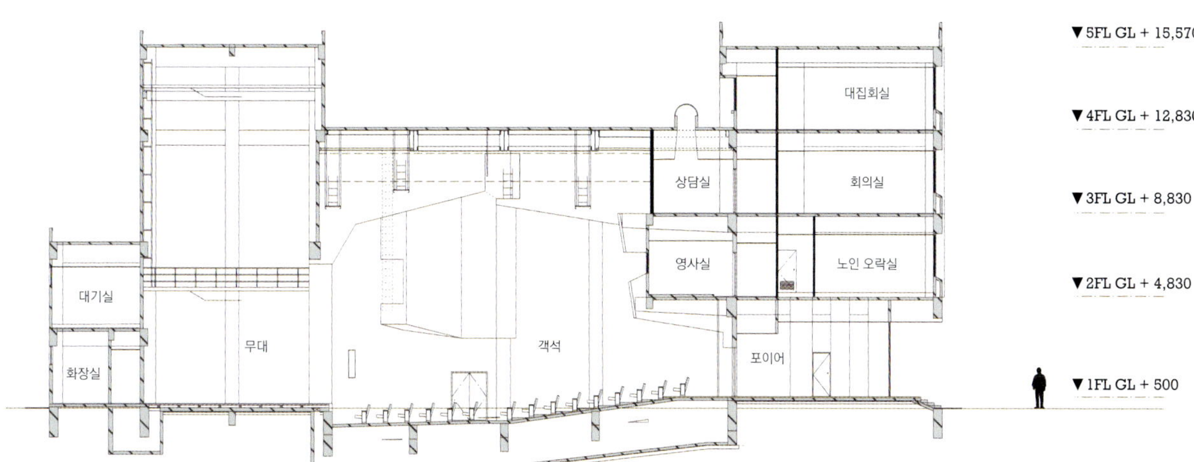

단면도(before) 축척 1/300

Site Plan

3가지 증축 개념
1. 북측: 반출입구는 2중도어를 설치하고 창고, 대기실 기능에 부합하게 증축.
2. 남측: 전체 외관을 일신하고, 공용로비(1F), 포이어(2F), 객석입구(2F)로 접근하는 어프로치 동선을 확보하기 위해 증축.
3. 동측: 베리어프리 개념을 적용하여 합리적인 어프로치 동선을 만들기 위한 증축.

친환경적인 주차장

주차장은 오픈스페이스의 개념을 도입하여 친환경적인 블럭을 이용함으로써 주변의 녹지공간과 일체되도록 시공하였다.

북측의 얼굴이 되는 커뮤니티 오픈스페이스

기존에 설치되어 있던 벽을 제거하고, 거리에 열린 오픈스페이스로 계획하였다. 안전사각지대가 사라져 안전성이 높아졌고 불법주차도 사라졌다.

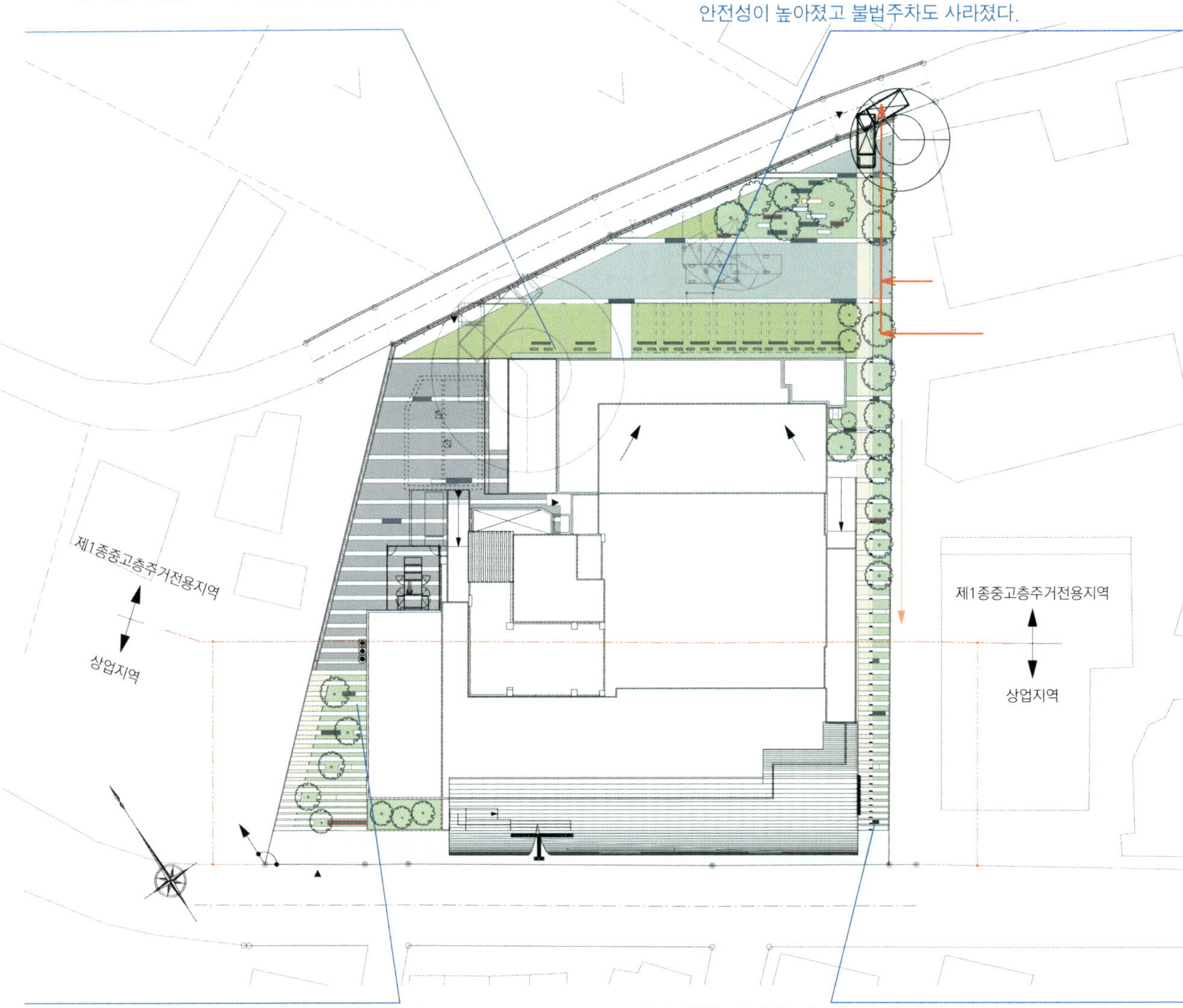

거리로 열려진 커뮤니티 오픈스페이스

거리의 얼굴인 광장은, 기오세清瀨의 친환경적인 자연을 상징하는 나무와 벤치를 설치하였으며, 산책을 하면서 북측으로 걸어나올 수 있도록 징검돌을 놓았다. 벤치와 징검돌에는 기오세의 역사의 단편을 새겨 거리의 역사를 되새겨 볼 수 있게 하였다. 고목나무는 휴식공간을 제공하고, 묵중한 건물 볼륨에 대한 인상을 부드럽게 하는 역할도 담당하고 있다.

기요세를 발견할 수 있는 산보길

가로수와 징검돌, 벤치 등이 있는 「거리광장」에는 곳곳에 기오세 역사의 단편을 새겼다. 기오세의 역사자료관을 열람하는 것과 같은 기분으로 거닐면서 다양한 것들을 발견하는 것이 가능하다. 이곳의 녹지공간은 건물 내부에서 외부를 바라볼 때 차경이 된다.

제한된 부지내 주차장과 자전거 주차장의 일부는「3가지 증축개념」을 중점적으로 반영시키기 위해서 주차장과 자전거 주차장 수용대수를 줄이기로 하였다. 주차장은 관계자와 공연 관계자용으로 제한적이지만, 이벤트가 열릴 때에는 스텝용 주차공간을 임시 주차장으로 개방하는 등의 운영면에서 방안을 다각도로 검토하여 설계가 이루어졌다. 리파이닝 시공 전 동측 부지내 통로는 일반시민의 자유로운 왕래에 공용된 공공성이 있는 통로로 여겨져 자유롭게 통행할 수 있었다. 이번 리파이닝으로 동측 통로는 보행자와 자동차의 통행이 가능해졌으며, 기존의 사용패턴을 따랐다. 통로, 주차장, 자전거 주차장 등은 리파이닝 전에는 담으로 둘러싸여 패쇄되어 있었으나 패쇄형으로 하지 않고 거리로 오픈시켜 보행자가 자유롭게 왕래할 수 있는 통로로 만들었다. 또한, 공공의 시선이 닿도록 하여 안전사각지대가 없는 장소로 세큐리티를 향상시켜 시민공원의 일부가 되도록 시공하였다. 종전에는 이벤트가 없을 때 불법주차가 성행하였으나 리파이닝 후에는 완전히 사라졌다.

⊕ 주차장 설치 의무 대수
증축 후 설치 의무 대수는 15대, 증축 전의 설치 의무 대수는 10대(격변완화激変緩和적용)로,「증축 후」마이너스「증축 전」= 5대(주차장 설치 의무)였지만, 복지용 주차장을 포함하여 11대를 확보했다.
※ 주차장 설치 의무는 특별히 없음.

허가신청·인정신청을 위한 체크포인트

일사제한
계획전보다 주변환경에 악영향이 없으면 허가한다.
증축부는 현행법규에 부합하도록 한다.

도쿄도東京都 안전조례
ⓐ 전면 공지 규정: 객석의 주출입구 전면에 일정규모 또는 천정높이 4.5m 이상의 공지 확보.
ⓑ 객석부 출입구 개수: 3층 발코니 객석은 2개소 이상 필요.
ⓒ 객석 내부 통로 규정: 3층 발코니 개석은 막다른 통로는 설치불가

↓

인정신청(건축주사 또는 건축지도부회의 판단)

↓

ⓐ 에 대해서: 외부에 필요한 면적 확보가 가능하지만, 도로에 근접한 엔터런스를 이용하는 관람객의 안전성을 고려하여 1층 공용로비 또는 2층 포이어 부분의 체류시간, 관람객 진출입 유도계획을 수립하여 관람객이 엔트런스에 몰리지 않도록 운영방안을 모색하여 해결.

ⓑ 또는 ⓒ에 대해서: 출입구의 폭, 도로의 폭을 여유있게 설계하고 피난계단을 설치하였으며, 팔로우 스폿follow spot실을 지나 나오도록 2방향으로 피난경로를 확보했다.

▲ Before: 구 건물의 북측은 주차장으로 사용하였으며 어둡고 불법주차가 성행했다.

▲ 북측에 형성되어 있던 녹지 공간. 건물의 주변 전체를 포켓 공원으로 만들었다.

▲ Before: 구 건물 남측 외관.

▶ 리파이닝 후의 파사드 전경. 남측 사무실은 밝고 투명감이 있는 다목적 소규모 이벤트 홀로 증축.

1 Floor Plan

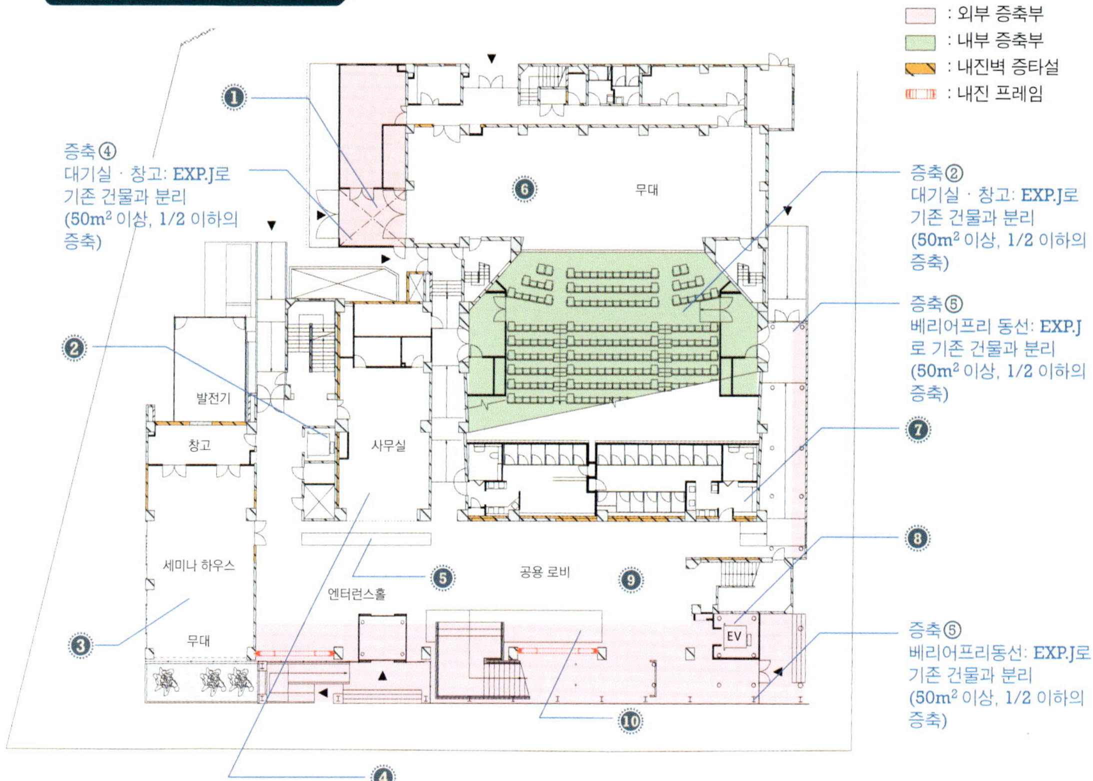

▲ 1층 단면도(after) 축척 1:500

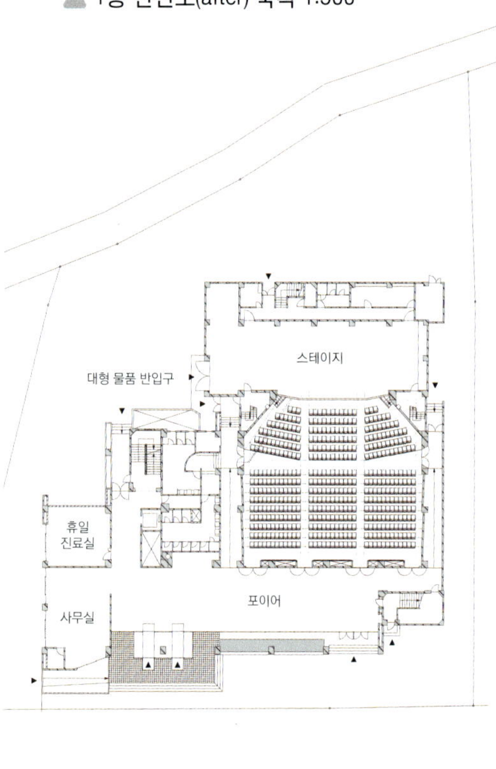

▲ 1층 평면도(before) 축척 1:800

Refining Point

❶ 반출입구, 대기실, 창고공간부족 애로사항의 해소와 시설 확충을 위해 실시했다. 반출입구는 4t 걸윙도어Gull wing Door 차량까지 대응이 가능하다.

❷ 베리어프리 실현을 위해 엘리베이터 샤프트는 이전 그대로 이용하고 개구부의 폭을 900mm로 확장했다. 엘리베이터를 전면적으로 교체했다.

❸ 사무실 벽을 철거하고 통합하여 다목적 소규모홀로 만들어 소규모 철거하고 바닥마감 상부기준면에서 보 밑 하부기준면 까지 넓은 개구부를 뚫어 밝고 개방감있는 공간을 만들었다.
플로어 중심부에 사무실을 배치하여 주변 공간을 오픈시킴.

❹ 으로써 이용자와의 거리를 좁히고 폭넓은 참여와 활발한 소통을 유도했다.
사무실 앞에는 긴 카운터를 설치, 이벤트 안내 등 다양한 서비스에

❺ 대응이 가능하다.
기존 무대에 설치되어 있던 장치는 재이용이 가능한 것과 개보수가

❻ 필요한 것으로 구분하여 수선 및 교체를 실시했다. 전면부는 가동식 좌석을 설치하여 무대의 크기를 조절하는 것이 가능하다.
홀 객석의 바닥구배를 높여 형성된 좌석하부의 공간을 활용하여

❼ 수용인원에 적합한 다목적 남여 화장실과 파우더룸을 구축.
2층 포이어와 3층 발코니석의 이용자용 엘리베이터를 신설.

❽ 다양한 목적을 가지고 방문하는 이용자를 위해 로비공간을 확대.

❾ 메인계단의 11번째 단을 넓게 만들어 스테이지처럼 활용할 수

❿ 있게 하여 공용로비에서 소규모 이벤트 개최가 가능하게 하였다.

2 Floor Plan

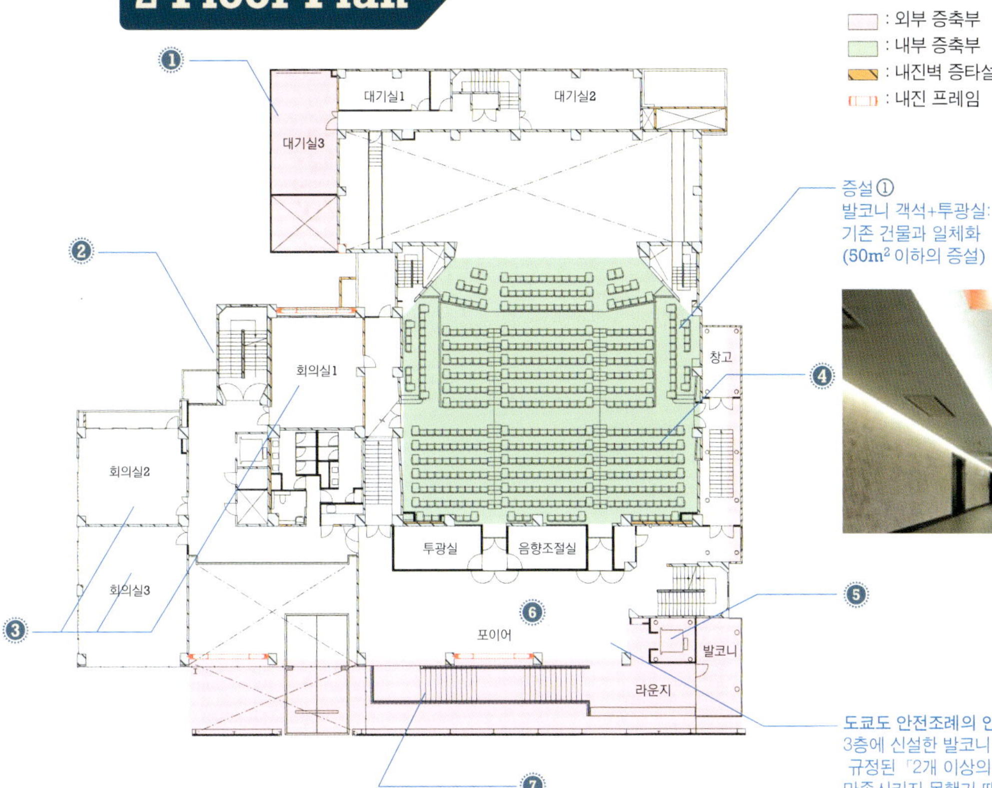

증설①
발코니 객석+투광실:
기존 건물과 일체화
(50m² 이하의 증설)

도쿄도 안전조례의 인정기준
3층에 신설한 발코니 객석은 도쿄도 안전조례에 규정된「2개 이상의 출입구」,「통로 규정」을 만족시키지 못했기 때문에 피난안정상 유효한 통로폭 확보, 투광실의 통로 확보, 피난유도계획 등으로 인정을 신청하여 통과할 수 있었다.

▲ 2층 단면도(after)

▲ 1층 공용로비

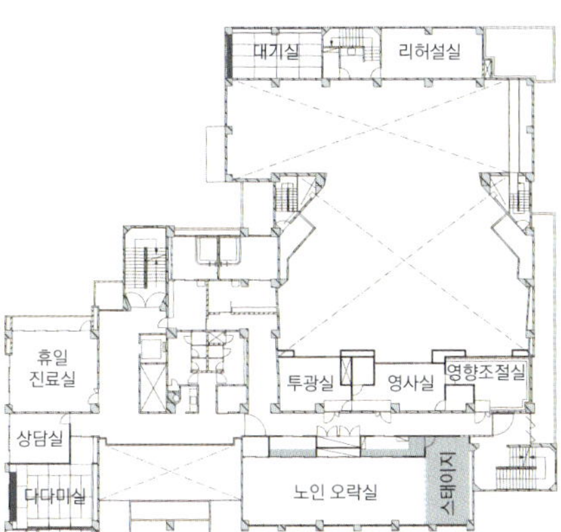

▲ 2층 평면도(before)

Refining Point

1. 대기실 증설.
2. 기존 외벽 위에 금속판으로 마감하여 구조체를 외기로부터 보호한다.
3. 이용률이 높은 회의실은 2층으로 통합시켜 회의 이외의 목적으로도 활용이 가능하도록 공간의 색상과 크기를 조절하여 개성있는 공간 분위기를 연출했다.
4. 객석의 시청각 환경을 향상시키기 위하여 메인객석의 단상을 1층 높이에서 2층 높이로 변경. 여유있는 객석 구성을 위해 공간깊이는 950mm로, 공간폭은 520mm로 변경했다. 플랫 플레이트(중 2층), 계단형 발코니 객석(3층)을 신설하고, 객석과 무대의 관계를 입체적으로 구성했다. 그 결과 음환경과 시환경 모두 크게 향상됐다. 객석수는 481석에서 508석으로 증설했다.
5. EV증설.
6. 관계자 대기실, 휴식공간, 포이어를 2층에 배치.
R형상의 외벽으로 둘러싸여 형성된 4층 높이의 후키누케에는
7. 1층 공용로비에서 2층 포이어로 이동하는 메인 계단을 설치하고, 편백나무로 마감처리하였다. 포근하고 따스한 공간으로 정신적 고양감을 불러일으키는 공간이 만들어졌다.

3 Floor Plan

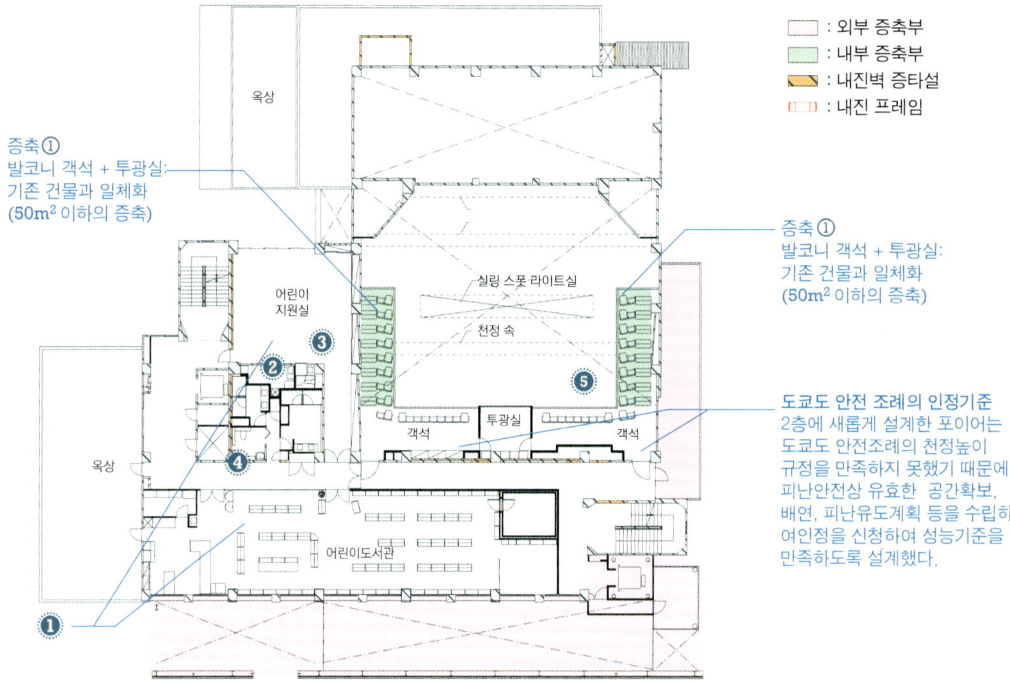

3층 평면도(after)

유아휴게실

Before: 어린이 공작실

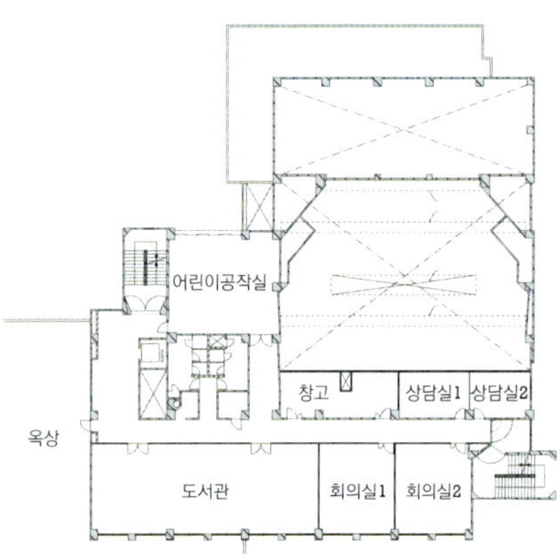

유아휴게실

Refining Point

❶ 어린이 도서관, 휴게실 확충: 도서관 바닥면적을 최대한으로 확보하여 소장도서 서고와 열람기능을 고려하여 사용하기 편리한 도서관을 만들었다. 어린이들에게 책을 읽어 들려주는 공간과 녹음실을 설치하여 어린이들이 재미있게 즐길 수 있는 공간구축을 설계했다. 휴게실은 어린이 도서관 근처에 설치하고 화장실, 급탕실 등의 설비도 충실하게 계획.

❷ 모유주유실/급탕실

❸ 어린이 화장실

❹ 다목적 화장실

❺ 계단형 발코니 객석을 증설

4 Floor Plan

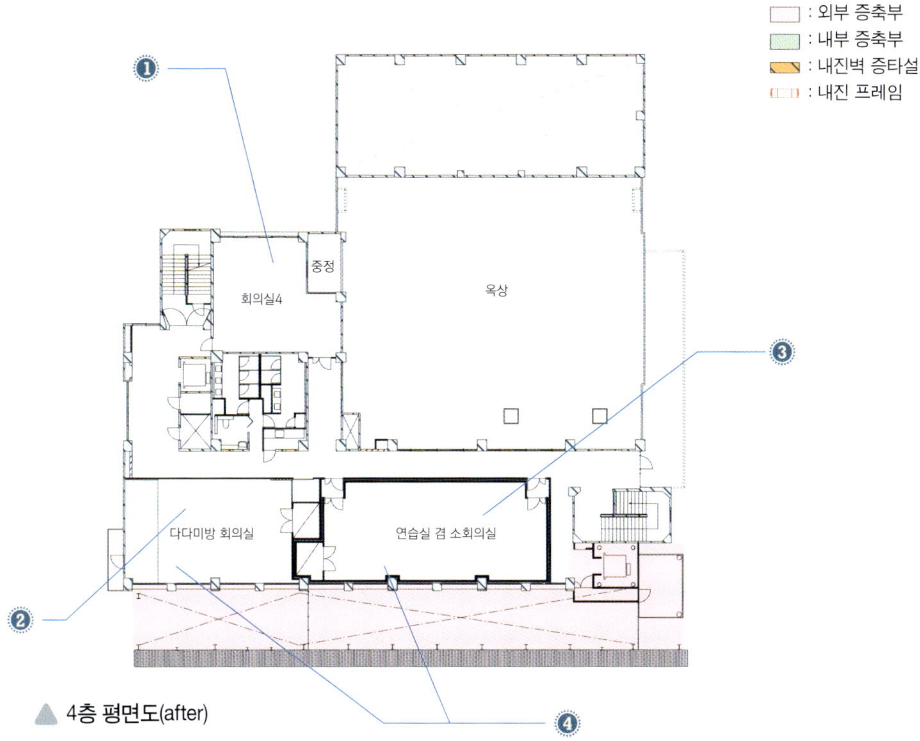

4층 평면도(after)

다다미방 회의실

Before: 다다미방

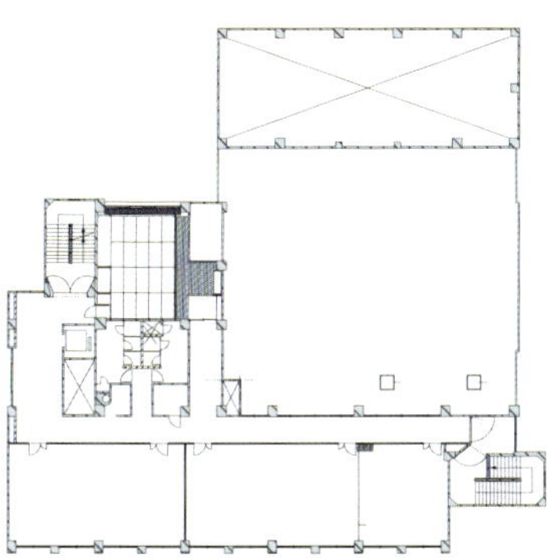

4층 평면도(before)

Refining Point

1. 기존에 이용률이 높았던 회의실은 수용인원을 감안하여 목적에 부합하도록 다다미방和室을 회의실로 변경.
2. 2층에 배치되어 있었던 노인 오락실과 다다미방을 없애고 4층에 있었던 요리연구실은 다다미방 집회실로 변경.
3. 소규모홀 기능을 겸한 연습실: 연습실은 무대와 동일한 크기의 공간을 확보. 연습실로 사용하지 않을 때에는 다목적으로 이용이 가능하다.
4. 4층에 위치한 공간에는 톱라이트를 설치하여 자연광을 유입 시켰다.

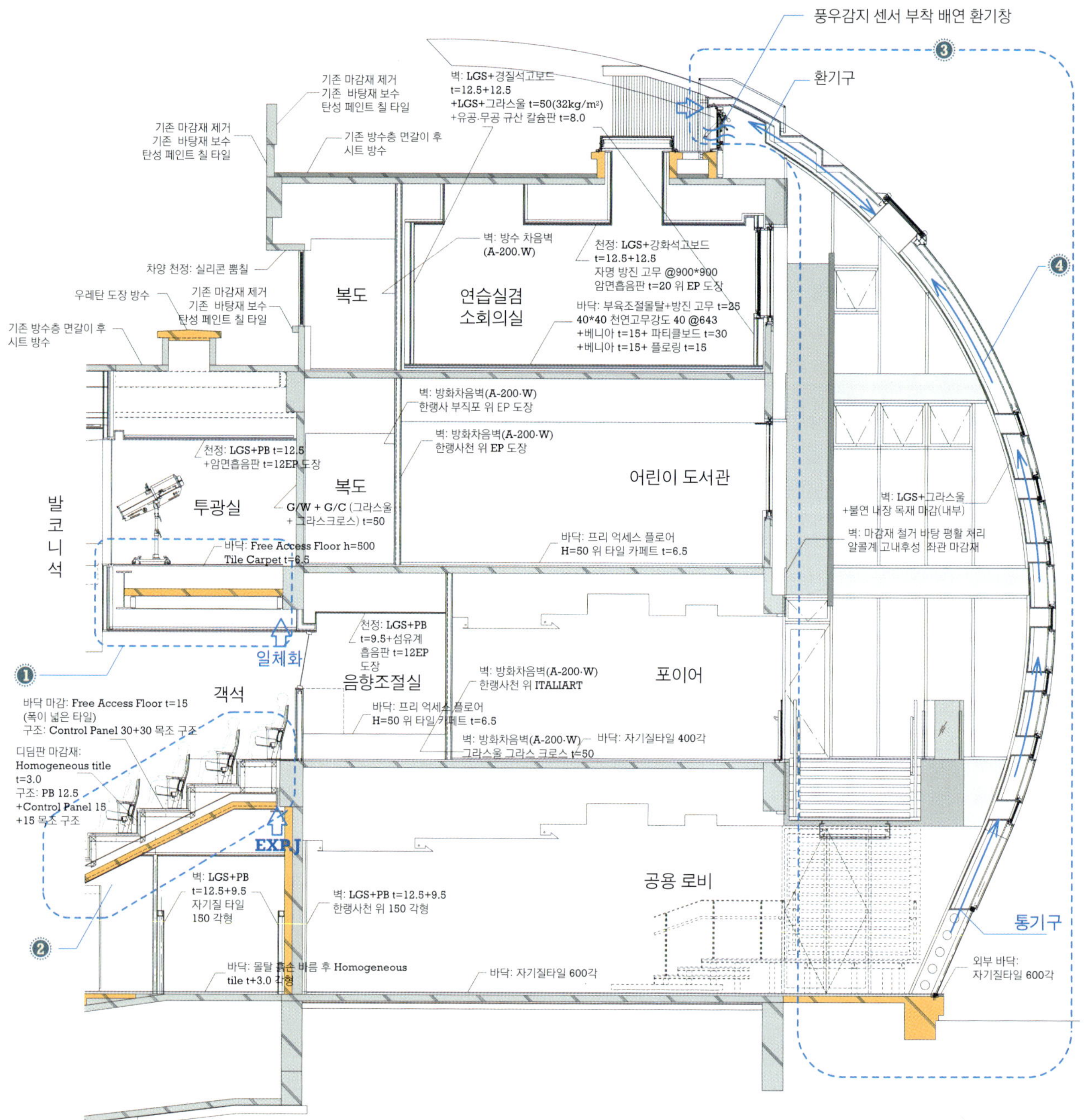

▲ 단면 상세(after) 축척 1/200

증축에 관해서

❶ 내부 증축: 발코니 객석+팔로우 스폿Follow Spotlight 조명기기 투광실 ➔ 기존 건물과 일체화

❷ 내부 증축: 메인 객석 ➔ 기존 건물과 익스펜션 조인트(EXP.J)로 분리

❸ 내부 증축: 4층 후키누케의 메인동선 ➔ 기존 건물과 익스펜션조인트(EXP.J)로 분리

❹ R형상의 외벽은 2중구조로 하게. 동계의 환경에 대응하여 공기를 유입시키거나 단열층을 형성하여 공조효율의 향상을 도모했다.

- 여름: 하부 통기구를 개방하여 통기층에 자연 대류를 발생시켜 높아진 외벽 내부 공기를 환기시킨다.
- 겨울: 하부 통기구를 밀폐하여 공기층을 형성시켜 단열층을 형성한다.

▼ 최고높이 GL +18,129.5

자연환기시스템·에어플로우-외벽

▼RFL GL +15,570

단면 이미지

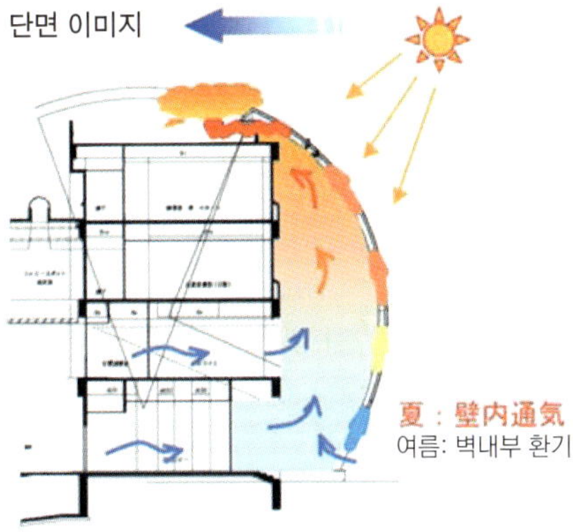

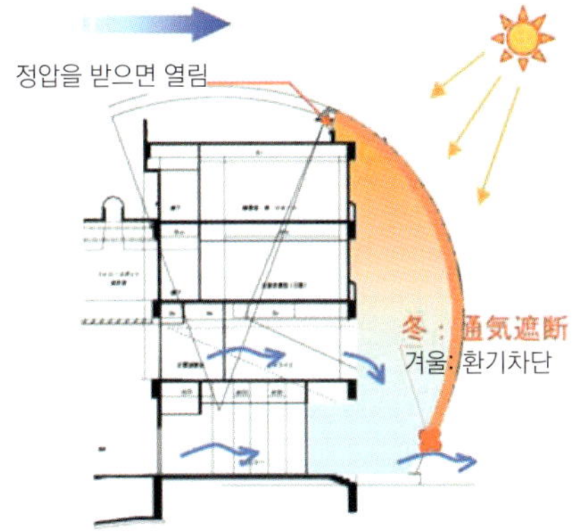

▼4FL GL +12,030

후키누케 상부에 센서를 장착한 배연창을 설치하여 바람이 불지 않을 때는 중력환기, 바람이 불때는 바람의 유인효과에 의해 상부에 체류한 열기를 효율적으로 배기한다.

·바람이 없을 때: 후키누케공간의 환기횟수 10회/h

·바람이 있을 때: 후키누케공간의 환기횟수 15회/h

바람이 배연창에 수직으로 불어올 때는 배연창이 정압의 풍하중을 받기 때문에 자연적으로 패쇄되고, 상부에 체류하고 있던 열이 주거공간으로 역류하는 것을 방지한다. 또한, R벽의 상하부에 통기구를 설치하고 여름에는 개방하여 고온일 때는 벽 내부의 공기가 자연환기에 의해 배출되고, 냉각효과를 극대화했다. 겨울에는 하부를 막아 기류를 차단하여 열기를 비축함으로써 따뜻한 온도를 유지하는 2중 벽 시스템.

▼3FL GL +8,430

▼2FL GL +4,830

평면 이미지

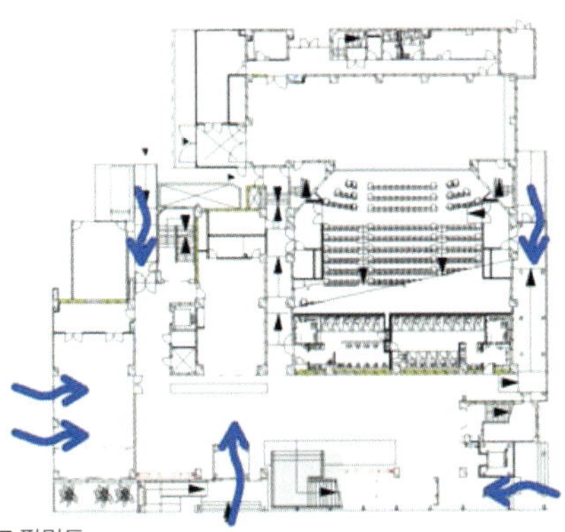

1F 평면도

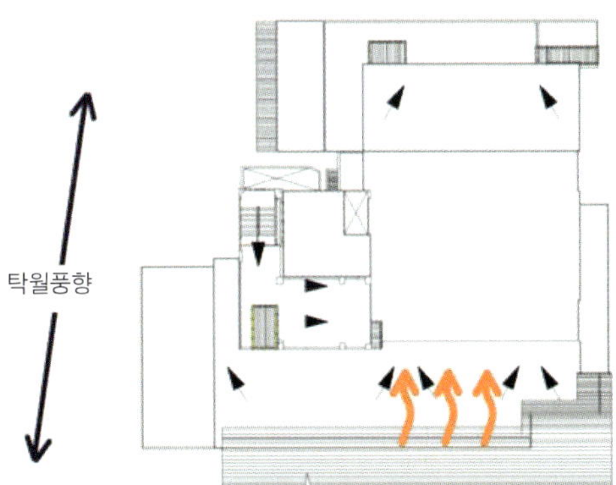

RF 평면도

▼1FL GL +500

▼GL +0

: 환기 슬릿 등에 의한 급기

: 배연창에 의한 배기

탁월풍卓越風은 한 지역에서 다른 풍향에 비하여 빈도가 탁월하거나 강도가 강하여 주민에게 인상적인 풍향의 바람

Diagram

1 리파이닝 공사 전

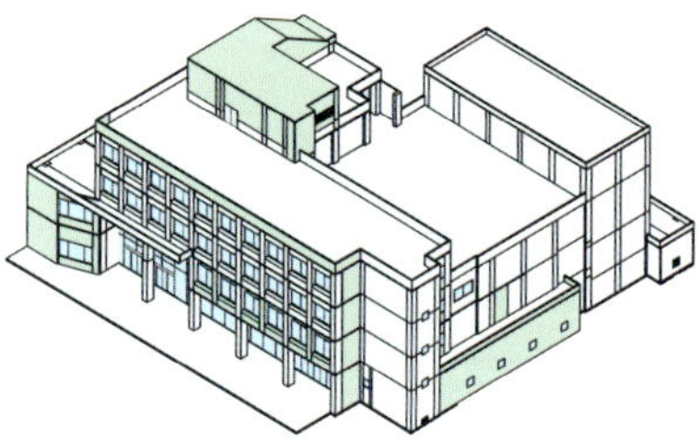

3 내부 해체

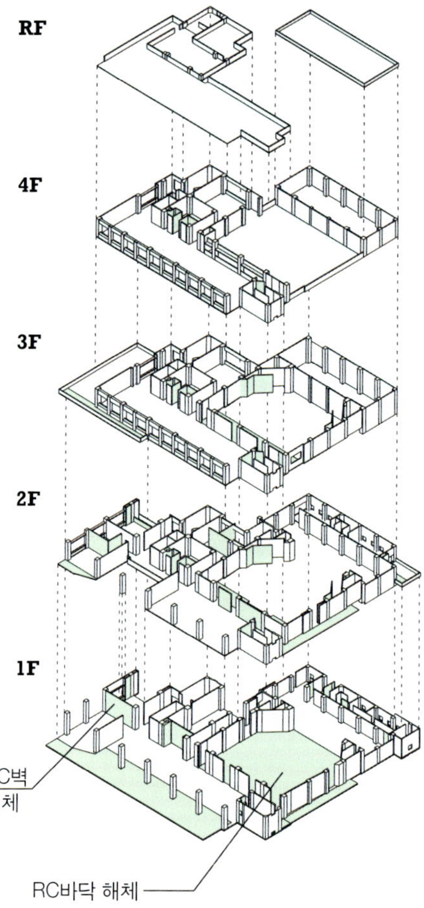

2 외벽·새시를 전부 해체

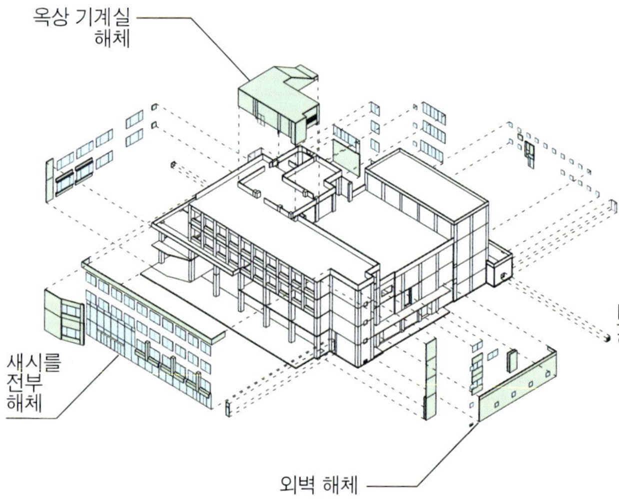

해체

내부 증축

① 발코니 객석: 50m² 이하의 증축 ➔ 기존건물과 일체화.
② 메인 객석: 50m² 이상, 기존바닥면적의 1/2 이하 증축.
➔ 기존 건물과 익스펜션 조인트(EXP.J)로 분리.
③ 4층 후키누케의 메인 동선: ②와 동일.
④ 대기실 · 창고: ②와 동일.
⑤ 베리어프리 동선: ②와 동일.
증축 합계는 50m² 이하, 기존 건물의 바닥면적의 1/2 이하로 증축. 이 경우, 현행법에서는 기존 건물의 위험도를 높이지 않기 때문에 증축부분은 EXP.J로 기존 구조체에서 분리시킬 필요가 있다. 그러나 「①발코니 객석」부분은 EXP.J로 기존 구조체에서 분리시키면 구조기둥과 행거吊材가 필요하기 때문에 객석의 시각환경에 악영향을 미친다.

그렇기 때문에 ①부분은 50m² 이하로 증축하고 단위체로 현행법 해석*을 했다. 「②메인 객석」은 별도로 기초를 만들어 기존 구조체에서 완전히 분리시킨다.
「③ 4층 후키누케의 메인동선」은 R형상의 기둥으로 자립시키고 기존 구조체에는 수평력을 전달하지 않는 구조로 되어 있다. 넘어지지 않도록 하기 위해서 기존 구조체와 롤러지지접합을 했지만 EXP.J로 분리하여 행정심사를 받았다.
「④ 대기실.창고」 「⑤ 베리어프리 동선」은 일반적으로 EXP.J로 기존 구조체와 분리시켜 증축했다.

4 보강

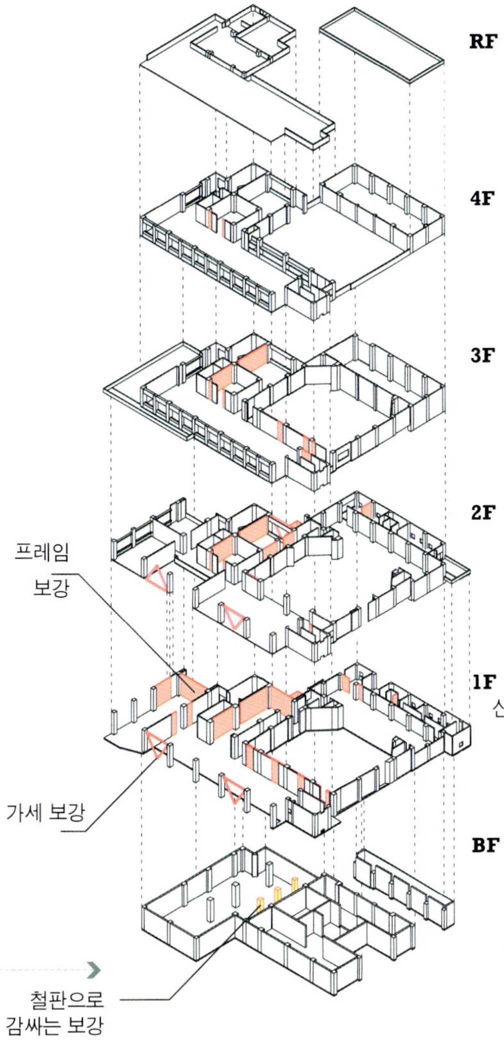

프레임 보강

가세 보강

철판을 감는 보강

5 신규 외장·벽·홀·새시

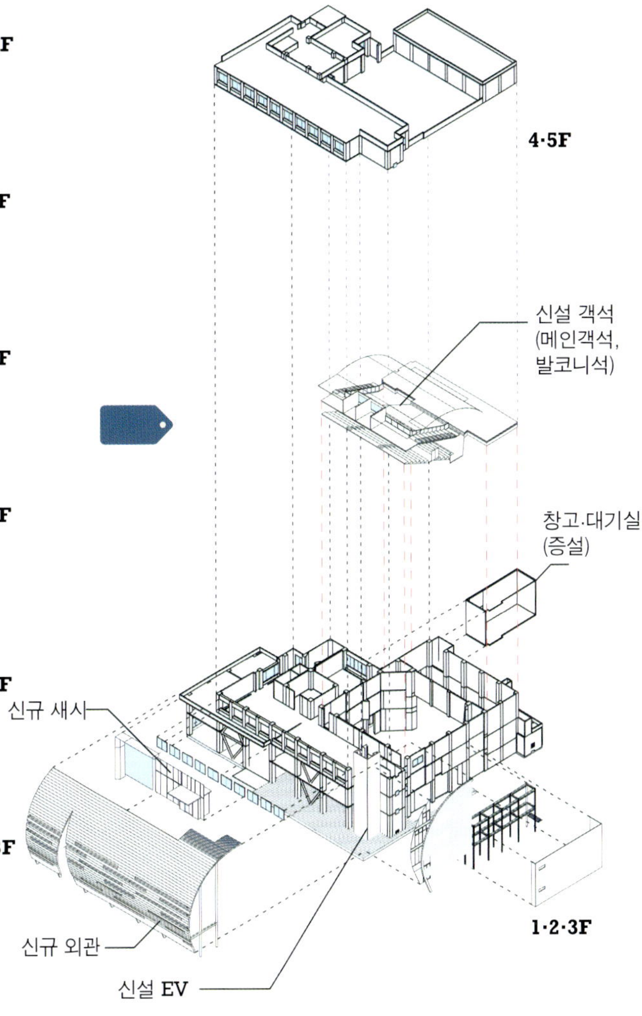

6 완료

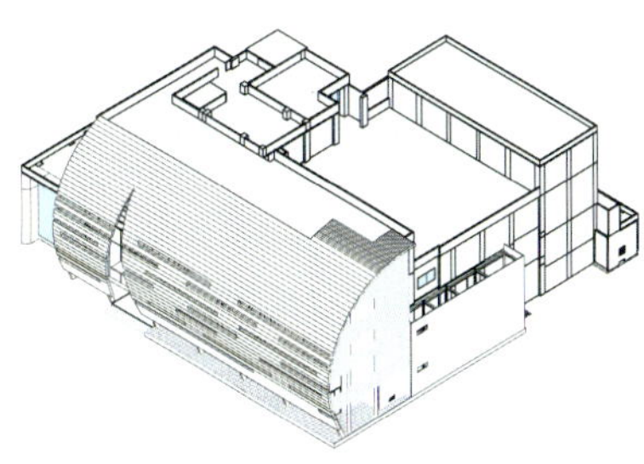

*「① 발코니 객석」 부분은 $50m^2$ 이하 증축으로 기존 구조체와 일체화시킬 경우, 현행법에서는 기존 구조체의 위험성을 증대시켜서는 안된다고 규정하고 있다. 그렇기 때문에 건물의 중량을 경감시키고, 내진진단기준 Is값(내진지표) 0.75 이상을 확보하기 위한 내진보강을 실시하고 구조평정을 취득해야 한다.

▲ 홀내부 해체

▲ 새롭게 설치되는 계단형 객석의 바닥 구조

▲ 기존 구조체와 분리시켜 새로운 메인객석의 기초 시공

▲ 계단형 객석을 설치할 바닥을 위에서 아래로 내려다봄

▲ 매인 객석의 바닥 슬래브 배근 완료

▲ 계단형 객석의 목조 구조체

▲ 매인 객석 계단의 바닥 슬래브 완성

▲ 계단형 객석의 최종 공사

▲ 기존 건물(좌)의 남쪽 증축

▲ 기존 건물의 구조만 남겨두고 벽체를 해체. 건물의 경량화를 도모함과 동시에 필요한 구조보강, 내구성 보강을 실시했다.

▲ 증축 부분은 2층 콘서트홀에 진입하기 위한 메인동선이 된다.

▲ 기존 구조체와 분리시켜 증축 부분은 독립적으로 지지할 수 있는 R형상의 철골공사 시공

▲ 증축 부분은 상당한 볼륨감이 있지만, R형상의 구조체를 디자인하여 통행하는 사람들이 느끼는 압박감을 최소화했다.

Toward long-life architecture No.2

기요세게야기홀 리파이닝

50m² 이내인가? 50m² 이상인가? 유연한 사고로 시대적 요구사항에 대처

1950년대부터 80년대까지 30년에 걸쳐 주민들의 문화생활 향상의 일환으로 일본 주요 도시에 문화홀이 잇따라 건설됐다. 현재 이 건물들은 준공된 지 30년에서 50년이 경과하여 각 지자체들은 문화홀을 스크랩 앤드 빌드Scrap and Build를 실시할 정도의 경제력만 갖추고 있는 게 현실이다.

이 기요세게야기 시민센터도 마찬가지로 1976년에 시민의 문화활동거점으로 건설되었지만, 무대장치의 IT화와 이용형태가 변화함에 따라 기능적으로 대응하기 어려울 뿐만 아니라 시설과 설비의 진부화로 충분히 기능을 수행할 수 없는 상태의 건물이 되어 버렸다. 기요세시에서는 다른 부지로 이전하려는 계획을 수립하였지만, 시의 메인 현관인 기오세게야기역에 근접해 있고, 오랜 시간 동안 시민에게 사랑받아 왔던 장소였기 때문에 결과적으로 이 장소성을 살려 재건축을 결정했다.

그러나 도시계획법이 개정되어 스크랩 앤드 빌드를 실시하면 문화홀을 동일한 장소에 건설할 수 없었기 때문에 재생건축으로 하기로 방향을 선회하여 재생건축 공모전을 실시했다. 우리는 공모전에 무대환경의 일신, 시의 새로운 심볼로서의 파사드 변경, 무대를 포함한 커뮤니티홀 등을 제안하여 당선되었다. 계약이 완료된 후 다시 한 번 원점으로 돌아가 검토를 거듭하여 우리가 제안한 3가지 디자인 방향에 대해 시에 재확인을 받고 의료산업을 기반으로 발전해 온 기요세게야기의 역사적 DNA를 계승하는 디자인을 실시하여 공모전 당선안과 거의 유사한 설계안으로

승인을 받았다. 홀의 수용능력을 높여 500석 이상의 객석을 확보하라는 요구조건을 만족시키기 위해 포이어Foyer를 2층에 배치했다. 2층에 포이어가 배치됨에 따라 파사드 디자인을 새롭게 검토하지 않으면 안 됐다. 포이어에 어프로치하는 계단을 설치하여 엔트런스에서 포이어에 이르는 어프로치 공간에서 고양감을 주는 분위기를 연출할 수 있었다.

이 공간을 둘러싼 2중 외벽의 내부는 히노키檜로 마감하였으며, 내부환경을 조절하는 장치이며, 2중벽으로 형성된 벽의 내부에 공기 흐름을 유도하는 단열 시스템으로 후키누케 공간의 최상부 온도차에 의해 자동패쇄되는 창을 설치했다. 홀의 객석은 먼저 바닥을 해체하고 면적을 증축했다. 현행기준「50m² 이상′ 1/2 이하」의 규정을 준수하여 기존건물과 중앙 객석은 익스펜션 조인트로 구조를 분리시켰다. 또한, 켄틸레버 공법으로 시공된 계단형의 발코니 객석은 50m2 이내로 증축하여 구조는 기존건물과 일체화시켰다. 이처럼 건축법규을 준수하면서 구조형식을 결정하고 쾌적한 객석환경을 구축하기 위해 고난이도의 해결방법을 채택했다. 객석의 일부는 분리가 가능하기 때문에 다양한 무대 연출에 대응이 가능하다. 커뮤니티 기능을 수행하는 공간은 이용률이 낮은 공간을 홀과 회의실, 집회실, 도서실, 가족실 등으로 변경하였고, 각 실은 보다 넓게 하고 시민이 손쉽게 이용할 수 있는 공간을 만들었다.

외관은 부지의 일부를 보행자 통로로 설계하고 거리의 심볼이 되도록 R형상의 외벽을 디자인했다. 또한 외벽의 일부분은 커튼월을 설치하여 내부의 모습이 외부에서 보이도록 설계하여 보행자와 건물의 거리감을 축소했다. 이로 인해 커뮤니티시설로서의 기능이 매우 높아졌다고 생각한다. 렌드스케이프 설계는 단즈카 에이키Danzuka Eiki 団塚栄喜씨가 담당했다. 내진보강 면에서는 지금까지의 리파이닝에서 축적한 설계지식으로「경량」과「보강」을 적절하게 구사하여 충실한 보강계획으로 현행법규에 적합한 레벨로 시공하였다. 이 기오세게야기홀의 리파이닝은 일본 전역에 퍼져있는 기능을 수행하지 못하는 문화홀 재생의 선구적인 사례가 될 것이라는 생각에 의심의 여지가 없다.

Refining of Kiyose Keyaki Hall

Below or over 50m²? Exploiting flexible thinking to build an extension

Many culture halls were built throughout Japan from the 1950s to 1980s. The current local governments however have insufficient finance to scrap and rebuild those 30 to 50 year-old buildings.

Kiyose City Center was built in 1976 as a base for the culture activities of citizens. However, the building is no longer suitable for current needs such as the stage arrangements and cannot meet the needs of modern IT requirements. The city government fi rst thought of moving it to another place but since it was located near Kiyose Station, the main entrance of the city, and the citizens wanted to have it in the same location, the government next thought of rebuilding it in this place. However due to changes to the City Planning Act, the culture hall could not be rebuilt by the scrap-and-build method.

Therefore a competition for renewing the existing building was held. In the competition, we proposed a renewal plan of the stage environment and the whole concept of the community hall, including the facade and stage, as a new symbol of the city, and our proposal was accepted. After making a contract, we reconfirmed our three proposals with the city government returning to the starting point. Our plan, which was almost the same as the one made for the competition and which designed the building to inherit the DNA of the history of Kiyose City developed as a town of medical care, was approved again.

To meet the request for a higher grade of hall with more than 500 seats, I set a foyer on the second floor. I designed the facade and large stairs inside it to create an uplifting feeling as one approaches from the entrance to the foyer. This huge space was built using Japanese cypress. Double walls were introduced as an environmentally-conscious thermal insulation system with air flowing inside the wall. I also installed a window at the top of the space that opened and closed automatically according to the temperature difference.

For the hall seats, I broke down the old floor and installed a new larger floor. Following the current standards, the hall space had to be 50m2 or larger and equal to, or less than, half of the existing floor area. I structurally separated the existing building and the central seating area by using expansion joints. Also, a stair-like balcony seat area smaller than 50m2 was newly installed. The balcony structure was unified with the existing building. I thus determined the structural form according to the architectural laws and at the same time employed a high level technique to ensure a comfortable seating environment. Some of the seats are removable to meet various staging requirements.

For better community functions, the rooms that were not frequently used were extended and changed to a hall, meeting room, community space, library, and child-raising assistance room to make convenient spaces for the citizens to use. For the appearance of the building, aiming to be a symbol of the city, part of the land was changed to a walkway and the external wall of the building was made curved. Also, part of the external wall was made with glass so that people walking outside would be able to see inside and could feel familiarity with the building. I think that these changes significantly enhanced the functions of the building as a community facility. The landscape was designed by Danzuka Eiki. To improve the quake resistance of the building according to current law, I used a reinforcement plan that I had developed in my refining experience by appropriately combining weight reduction and reinforcement. I think that this refining work of Kiyose Keyaki Hall will lead the renewal of many culture halls in the country that currently fail in their functions.

No.3
Refining of Hamamatsu Sala

하마마츠 살라浜松サーラ 플라자

획기적인 내진보강 구법으로 이주없는 대규모 시공을 실현

biscot café

▲ 남측 도로에 데크테라스를 설치하고 주변을 녹화. 데크테리스는 각종 이벤트 및 정보 제공에 활용되며 「스파이럴 브레이스드 벨트Spiral Braced Belt」의 지면과 맞닿아 있다. 보강 브레이스가 건물의 그라운드 레벨까지 연장되어 있어 독특한 역동성을 자아낸다.

▲ 기존 구조체를 갈바늄Galvalume강판으로 감쌈으로써 바람과 비로 부터 보호했다. 또한, 기존 구조체와 외장재 사이에 공기층을 형성하여 단열성능을 향상시켰다. 남측도로에서 바라본 전경이다.

▼ 1층에는 옥외 데크테라스를 이용할 수 있는 오픈카페를 배치했다.

Diagram

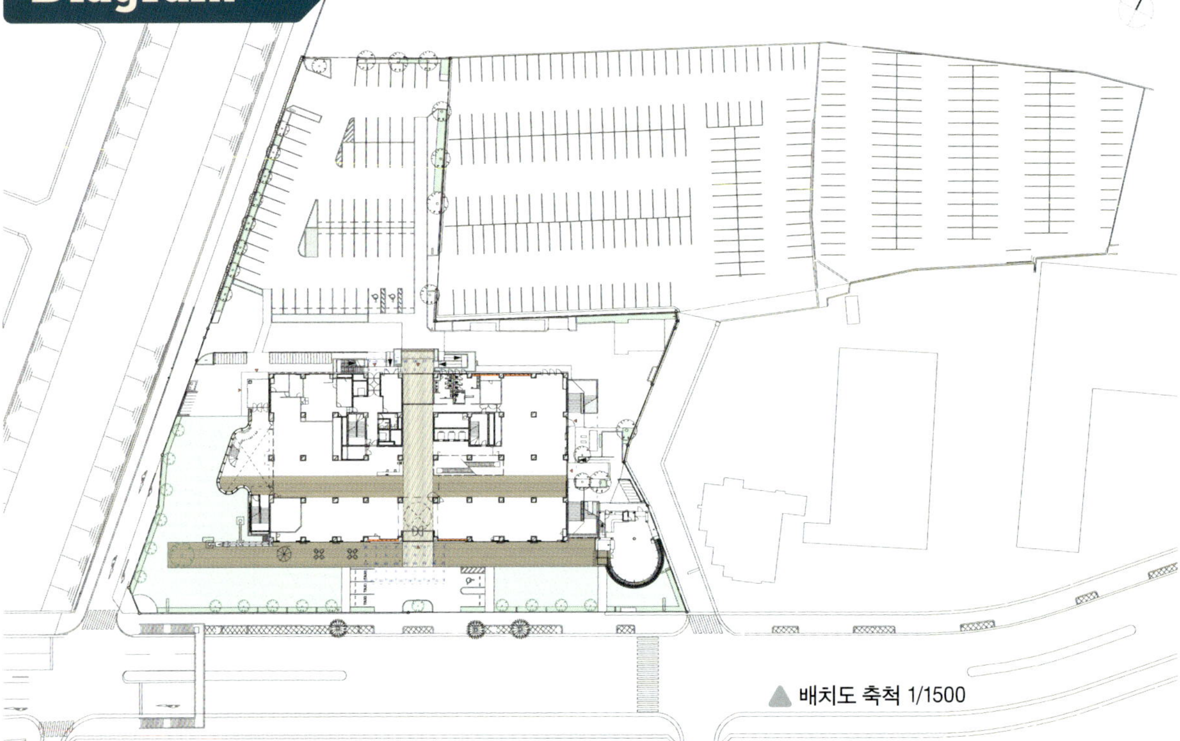

▲ 배치도 축척 1/1500

1 Floor Plan

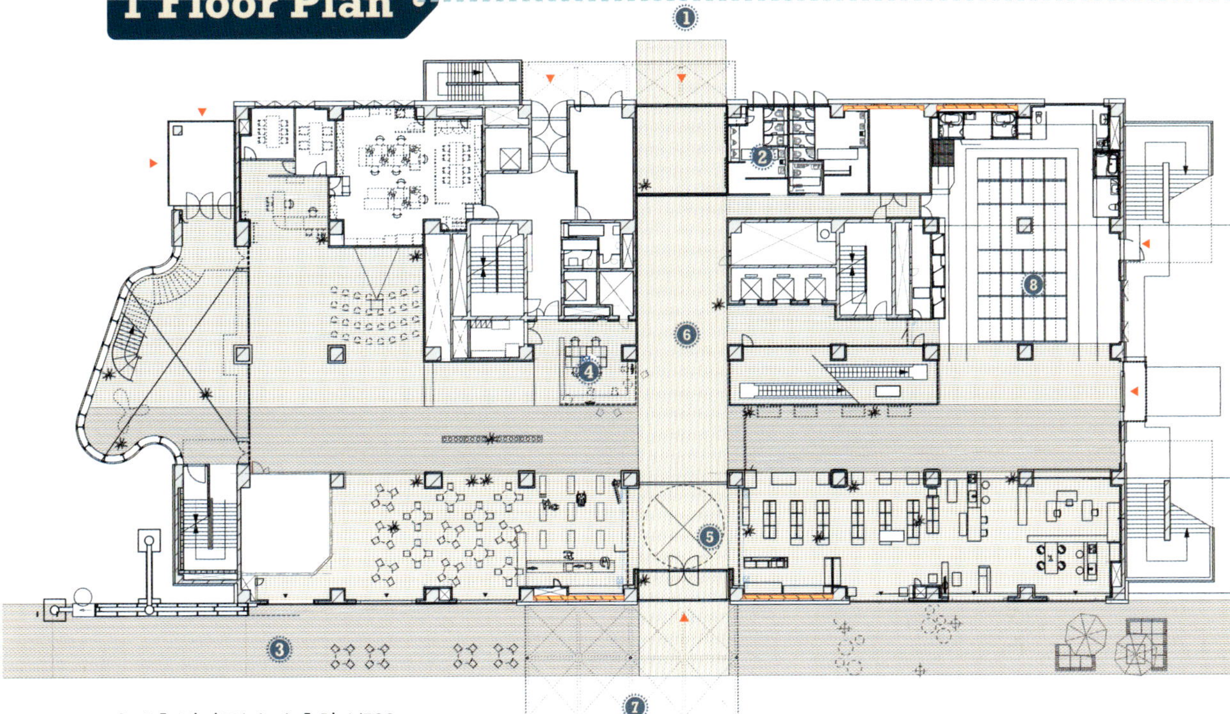

1층 평면도(after) 축척 1/500

: RC벽 개구부 폐쇄 보강
: RC내진벽 보강
: 철골 브레이스
: 기존 RC
: 신규 글래스 차양·새시

❶ 북측 주차장 주출입구 설치
❷ 화장실 설비 증설
❸ 데크테라스 설치
❹ 종합 접수처 설치
❺ 1,2층을 관통하는 후키누케 공간
❻ 여유있는 공용통로
❼ 글래스 케노피 설치
❽ 칸막이가 없는 오픈 스페이스

◀ Before: 파도가 물결 치는 듯한 곡면을 그리는 글래스 벽면은 기존 건물의 디자인적 특징 중 한가지이다. 준공된 지 오래되어 어수선한 분위기를 연출하고 있었다.

▶ 기존 건물의 디자인을 살려서 재정비했다.

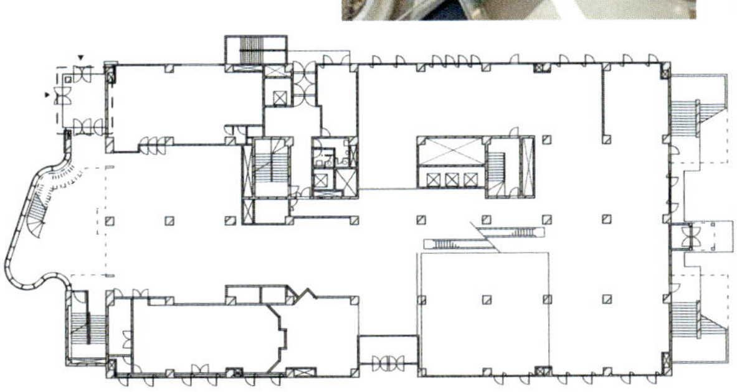

1층 평면도(after) 축척 1/1000

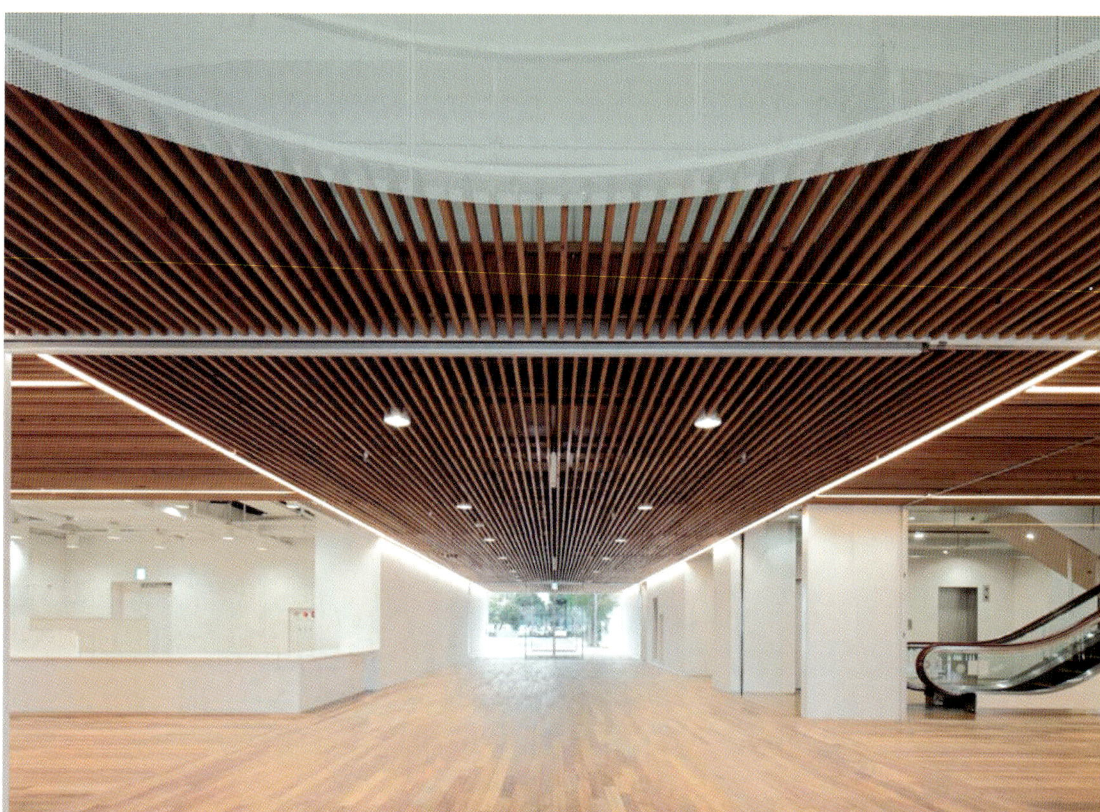

▲ 개관 당시의 모습으로 편안하고 안락한 공간으로 사람의 움직임에도 활기가 넘친다.

▶ 남측 엔트런스 홀 상부 바닥에 구멍을 내어 후키누케를 만들고, 상·하층의 공간적 상호연계성을 확보했다.

◀ 엔트런스에 들어서면 건물 중앙에 엘리베이터와 에스컬레이터를 설치하여 쉽게 인지할 수 있으며 접근이 용이하다. 유니버셜 디자인을 고려한 디자인을 추구했다. 1층에는 인테리어 잡화 숍, 키친과 싱크대 쇼룸 등을 배치하였으며, 생활에 밀접한 정보를 제공한다. 공용스페이스는 사용상의 편리성과 유연성을 중요하게 다루었으며, 지역 주민들에게 항상 열려있는 커뮤니티 스페이스를 만들었다.

Refining Point

- 잉여 공간을 적극적으로 활용하여 지역 주민들을 위한 개방적이고 따뜻한 감정을 느낄 수 있는 커뮤니티 스페이스를 만들었다.
- 상·하층을 연결하는 후키누케를 만들어 내외부의 연속성을 느낄 수 있도록 공간을 만들었으며 방문객 동선상의 다양한 변화감을 공간의 역동성으로 구현하였다.

▲ Before: 폐쇄적이였던 1층 내부공간

3 Floor Plan

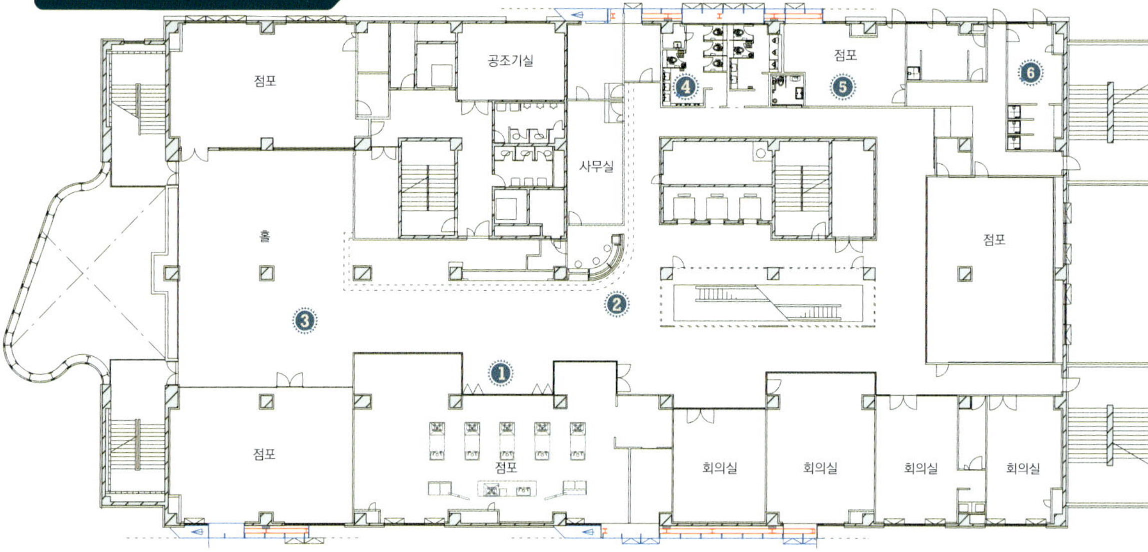

▲ 3층 평면도(after) 축척 1/500

- : RC벽 개구부 폐쇄 보강
- : RC내진벽 보강
- : 철골 브레이스
- : 기존 RC
- : 신규 글래스 차양·새시

1. 실과 실 사이의 칸막이를 글라스월로 교체
2. 안내 카운터 설치
3. 밝고 개방감 넘치는 이용자 중심의 공용 공간과 휴식 공간을 설치하여 시설 이용자의 편리성, 쾌적성 등 서비스 향상
4. 화장실 증설 및 재배치
5. 방음실 설치
6. 편의실 설치

▲ 3층. 공용공간에 면한 실들은 유리경계벽을 설치하여, 가능한 개방적 공간을 계획했다. 내부 곳곳에 다양한 휴식공간을 설치하였고, 방문객은 자유롭게 사용이 가능하도록 하였다.

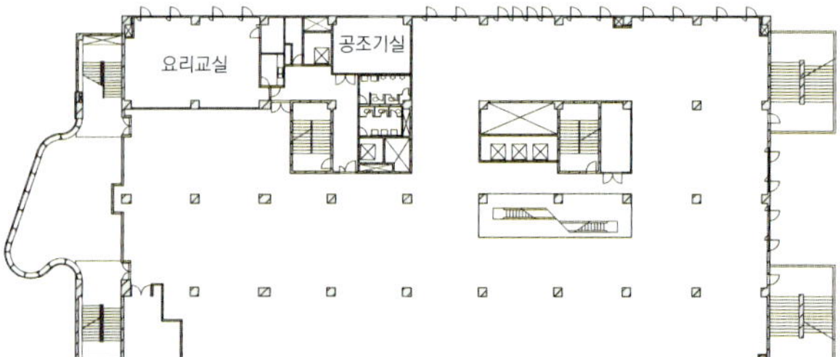

▲ 3층 평면도(before) 축척 1/1000

▼ 구조를 보강하기 위해 설치한 브레이스 벨트를 내부에서 바라보았다.

▲ Before: 3층 점포

3 Floor Plan

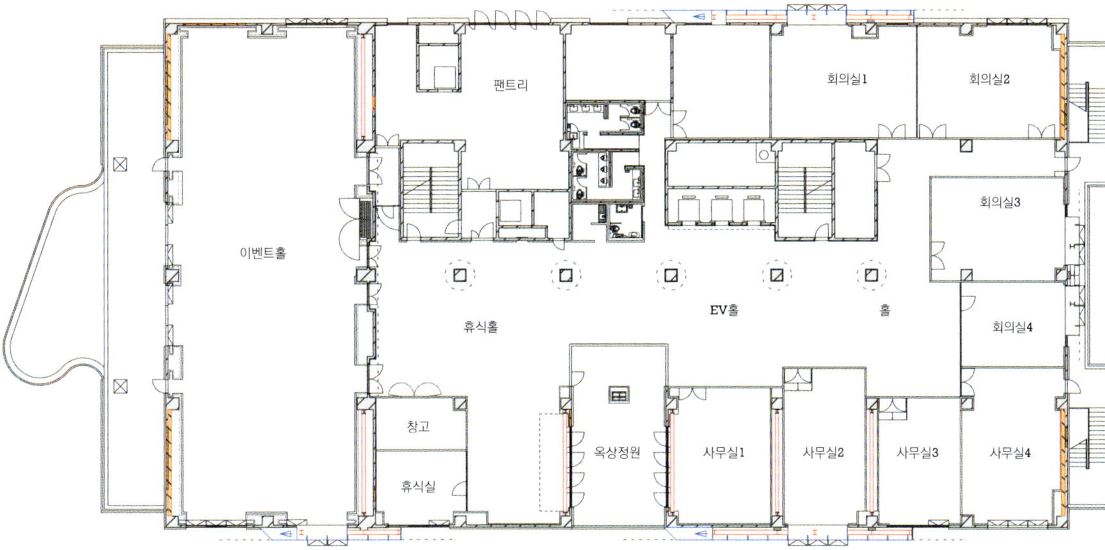

▲ 4층 평면도(after) 축척 1/500

: RC벽 개구부 폐쇄 보강
: RC내진벽 보강
: 철골 브레이스
: 기존 RC
: 신규 글래스 차양·새시

▲ 4층 휴식홀. 개구부에 내진보강을 위해 설치한 브레이스가 보임

Refining Point

- 1~4층은 철골 철근 콘크리트조, 5층 이상은 철근 콘크리트조로 4층은 전이층에 해당한다.
- 기둥이 없는 이벤트홀Sala Hall은 내진벽을 증설
- 외부는 철골 브레이스로 보강하고, 내부 상당부분에 브레이스를 설치.
- 옥상정원을 조성

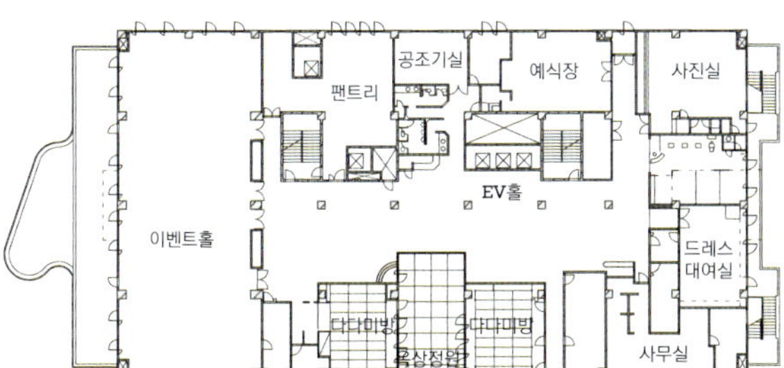

▲ 4층 평면도(before) 축척 1/1000

▲ Before: 4층에는 이벤트홀이 있었으며, 결혼식과 파티 등으로 사용함

5 Floor Plan

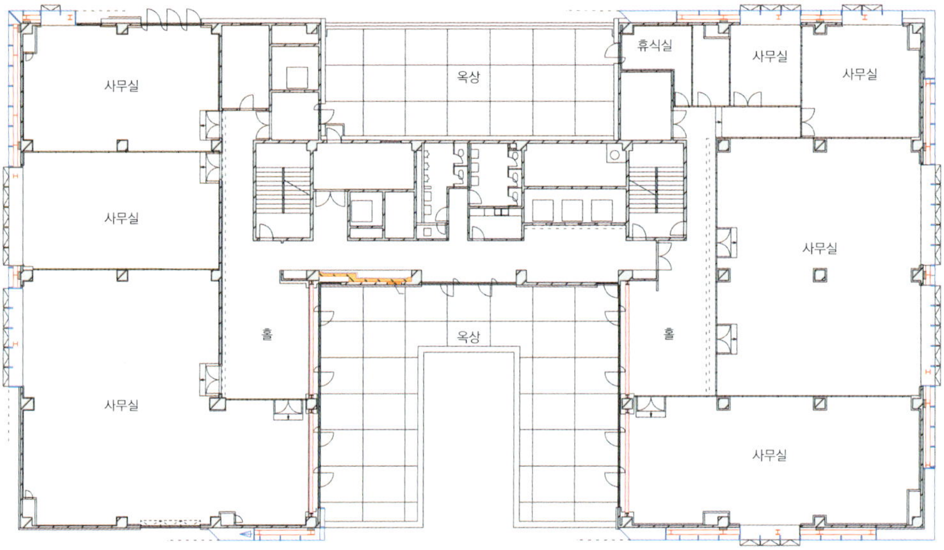

5층 평면도(after) 축척 1/500

: RC벽 개구부 폐쇄 보강
: RC내진벽 보강
: 철골 브레이스
: 기존 RC
: 신규 글래스 차양 · 새시

오피스 테넌트 플로어는 추후 개보수를 염두에 두고 방화, 피난을 검토했다.
또한 고휘도형 조명기구로 교체하여 조도를 확보하고 간접조명방식을 도입하여 시각적인 밝기감과 편안함을 향상시켰다. 온·습도 조절 기능을 갖춘 공조 시스템을 설치하여 환경부하 저감과 에너지 절약형 그린오피스를 구축했다.

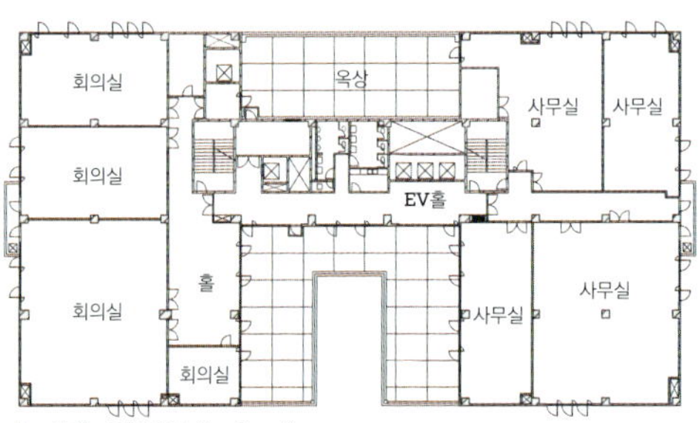

5층 평면도(before)

Refining Point

오피스존은 내장 및 설비를 전부 교체.
또한 플로어의 구성을 재정비하여 클라이언트 그룹 공간과 테넌트 공간을 명확하게 분리했다.

사용하면서 시공

오피스 플로어는 클라이언트 그룹회사와 테넌트회사가 사용하고 있으며 리파이닝을 하면서 오피스 임차인을 퇴거 처리해 버리면 리피이닝 완료 후 임차인 모집에 어려움을 겪게 되기 때문에 오피스를 그대로 사용하면서 시공, 즉 오피스 도미노 시공 방식Office Domino Construction Method으로 공사를 실시했다. 먼저, 서측동의 공용 회의실을 시공하고 내장공사를 마친 후 완성된 부분에 동일한 플로어의 동측동에 오피스를 이전했다. 이전한 오피스 공간의 내장공사를 마무리함과 동시에 7층의 동측동 오피스를 이전했다.

고층 오피스 빌딩인 경우 이와 같은 방식으로 건물 내부에서 내부로 이전하는 순차적 방식으로 공사를 진행했다. 이 방식을 '오피스 도미노 시공 방식' 이라고 정의하고 리파이닝 시공을 실시했다.

또한, 내장공사와 외장공사를 동시에 실시하고 외장공사가 마무리 될 때쯤에 개구부를 갈바늄Galvalume 강판으로 일시적으로 봉쇄했다. 개구부는 내.외부의 공사가 종료되는 시점에 맞추어 공사를 실시했다. 그리고 개구부의 접합 공사는 오피스 휴관일에 공사를 실시했다. 마지막으로, 외부에 유리를 설치하고 공사를 완료했다.

이와 같이 순차적 병행공사를 실시하는 방식으로 플로어 재배치와 동서측의 조닝을 연동하는 계획을 수립하여 공사를 실시했다. 그 결과 모든 오피스존의 내장 및 설비를 전부 교체할 수 있었다. 또한, 그룹회사 전용 플로어와 테넌트 플로어를 명확하게 분리하여 재배치하였다.

Refining Point

오피스 도미노 시공 방식 (사용하면서 시공·5층의 경우)

❶ 서측동(공용 회의실) 공사. 동측동 오피스는 영업중
❷ 내장공사를 완료한 서측동 오피스로 이전
❸ 동측동 공사
❹ 내장공사를 완료한 동측동으로 동측동 7층의 오피스를 이전
❺ 동측동 내장 공사 완료. 두 동의 오피스를 운영하면서 외장공사를 실시한다. 외장공사가 마무리되는 시점에 개구부를
❻ 갈바늄 강판으로 덮어 일시적으로 폐쇄한다.
외부공사 완료 후 개구부의 접합 공사는 오피스 휴관일에 맞추어 시공한다. 마지막으로 외부에서 유리를 설치하고 리파이닝 공사를 완료한다.

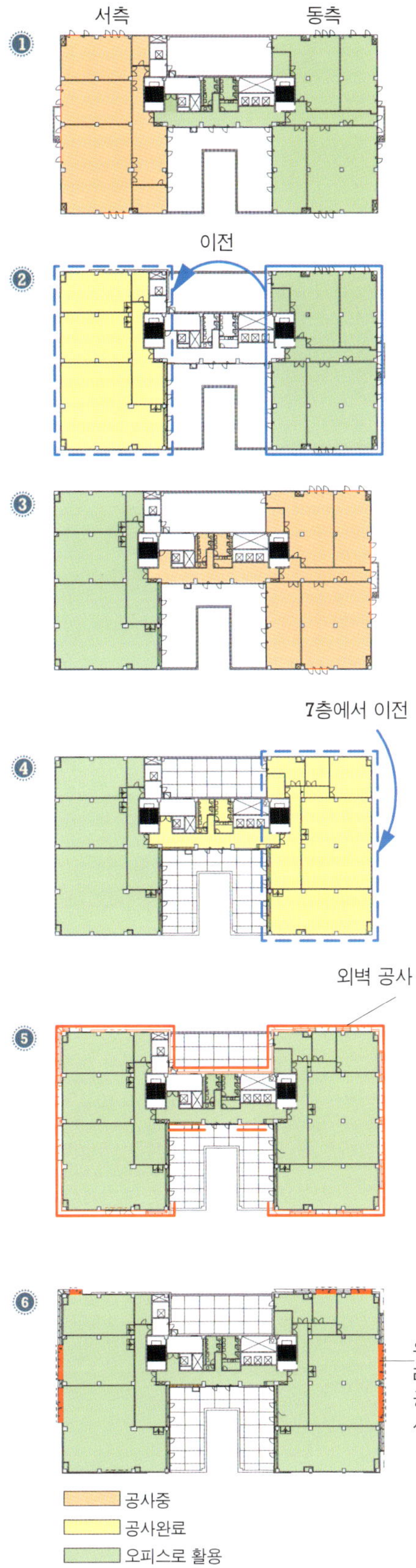

보강계획·외장재

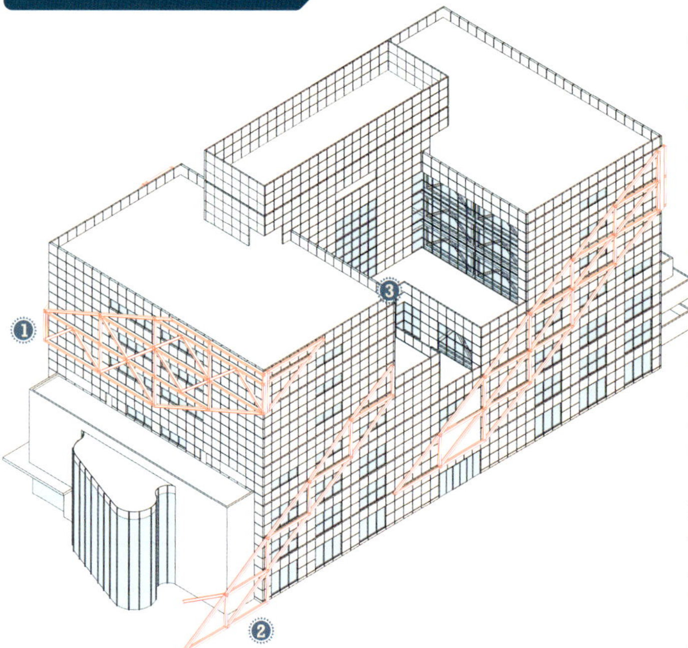

❶ 내진보강 프레임을 띠 모양으로 건물의 외부를 리본으로 묶은 것처럼 건물을 감쌌다. 내진보강 프레임은 디자인적으로 지금까지 없었던 완성도 높은 외관 디자인을 구현했다.
❷ 내진보강 프레임을 지면까지 연장하여 고정 시킴으로써 1층 출입구 이용에 방해가 되지 않도록 하였다.
❸ 내력을 확보하기 위해서 리파이닝 공사 후 플랜을 검토하여 실내측에도 브레이스를 배치. RC벽의 증설 보강과 개구부 패쇄 등의 방식으로 공사를 실시하였으며 보강이 필요한 부분은 보강을 실시했다.
❹ 스파이럴 브레이스드 벨트 보강 부분

Refining Point

스파이럴 브레이스드 벨트 보강

중점적으로 실시한 보강은 브레이스로 건물 외부를 연속적인 스파이럴 형식으로 감싸는 방식으로 설치한 철골 프레임이다. 기존 건물은 기둥·보가 외주면에 따라 배치되어 있었기 때문에 무리없이 외부 부착형 브레이스의 보강을 실시할 수 있었다. 다만 동서측면의 저층부에 배치된 발코니와 아트리움을 피해서 외부에 철골보강을 실시하여 건물의 밸런스를 유지했다.
건물의 남서측의 모서리 부분은 보강 브레이스를 건물의 외부까지 연장시켜야 했기 때문에 이것을 시각적인 디자인 요소로 활용하였다.

일반적으로 브레이스 보강 기법은 건물의 기둥·보에 철골 부재로 보강을 하지만 여기서 실시한 보강 방식은 브레이스가 프레임의 엣지 라인을 구성하는 것이 보강 방식의 특징이다. 기둥·보에 사용된 브레이스의 형상은 동일한 단면 형상을 가진 300mm×300mm 또는 350mm×350mm 사이즈의 H형강을 이용했다.
브레이스는 압축력도 부담했기 때문에 압축내력을 높이기 위해 박스형 단면형상의 커버 플레이트를 부착했다. 기존 건물의 외주부에 배치된 기둥·보에 후시공 앙카를 박고 보강철골을 기둥보에 스터드볼트로 고정하고 몰탈로 일체화시켰다.
철골 브레이스가 수평력에 의한 전도 모멘트를 건물 전체에 분산시키기 때문에 기존의 기초에 미치는 영향은 적지만 건물 남서측 모서리에 건물 외부로 돌출된 보강 브레이스는 RC 기초를 설치하여 인발력과 압축력에 지항할 수 있도록 하였다. 이 부분의 기초중량은 약 2,000kN이다.

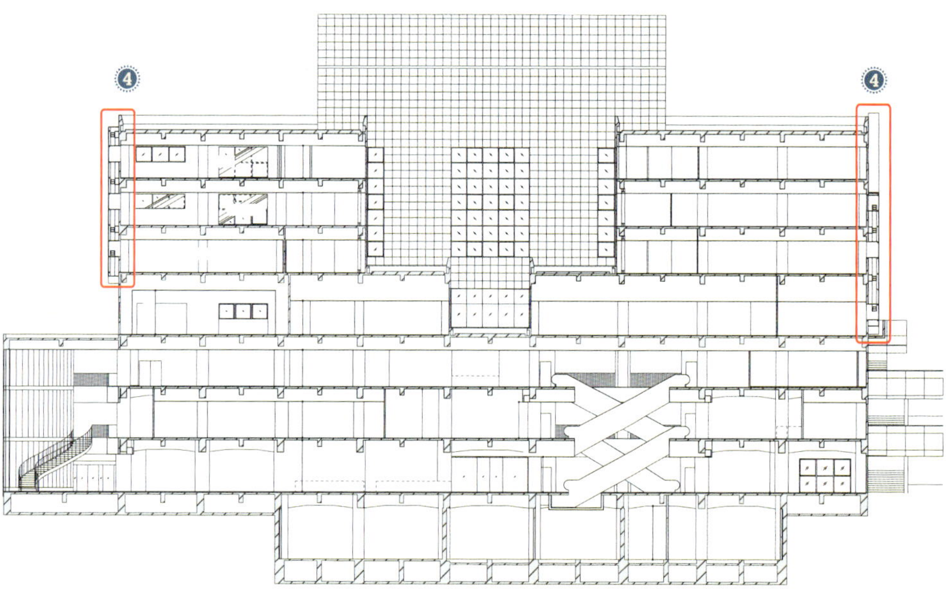

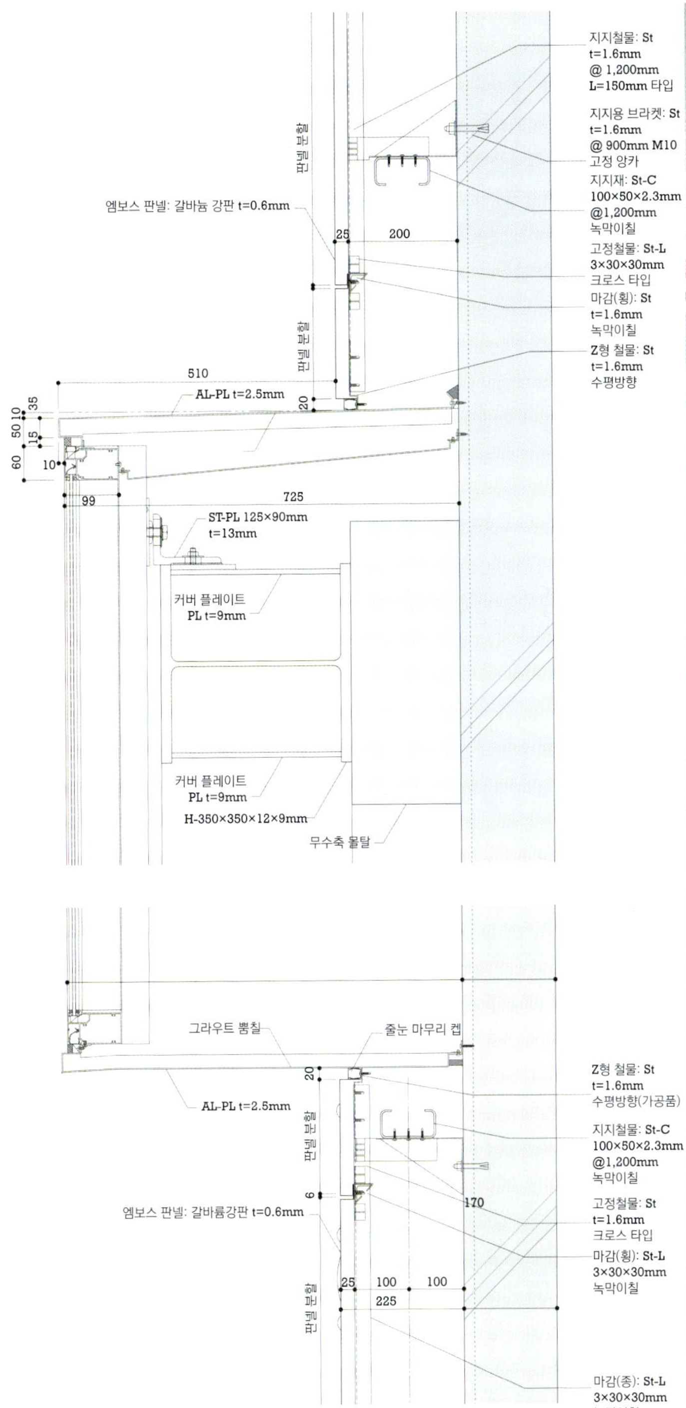

▲ 외부부착형 브레이스 단면 상세

▲ 외부부착형 브레이스의 앙카 설치

▲ 외부 부착형 브레이스의 설치

▲ 외벽의 실제크기 실험

기존 구조체를 갈바늄 강판으로 감싸고 은촉이음가공한 판넬을 비스로 설치하는 건식방법으로 시공했다.

기초부에는 현장에서 용접시공을 하지 않는 특수형상의 철물을 공장에서 생산함으로써 CO_2 발생을 저감시킴과 동시에 공기단축을 모색했다. 그리고 기존 구조체를 판넬 형상의 갈바늄 강판으로 덮어 비바람으로부터 구체를 보호하고 기존 구조체에 새롭게 부착하는 강판 사이에 공기층을 형성하여 단열성능을 향상시켰다. 외벽 강도에 대한 설계하중 안전성 요소실험은 강판제조업체가 실시했다. 외벽부재 시공에 앞서 파괴부위를 특정하여 수도대학도쿄 다카기연구실의 협력을 받아 외벽의 실제크기 실험을 실시하고 파괴거동과 성형 모니터링을 실시하여 시각적으로 검토하였다.

보강계획·외장재

보강공사 포인트①

건물 남서측 외부에 부착되는 내진 프레임이 지면에 접해있는 부분의 보강공사이다. 건물 남측면의 5층에서 사선으로 지면까지 내려오는 한 층 높이의 프레임이 서측으로 도출되기 때문에 자립시켰다. 자립시킨 보강 프레임은 기존 건물의 콘크리트 구조체에 앙카를 설치하여 일체화시켰지만 도출된 부분의 선단은 고정되어있지 않고 지진발생시 건물의 인발력에 대한 균형을 유지하기 위해 지중에 약 300m^{2}의 무근 콘크리트의 카운터웨이트Counterweight를 장착했다. 또한, 건물에서 돌출된 부분의 내진 프레임은 변형과 휨에 약하기 때문에 브레이스를 지지하는 버트레스Buttress를 설치했다.

▲ 카운터웨이트Counterweight

▲ 앙카 인장시험

▲ 외부 부착형 기초보

▲ 외부 브레이스를 무수축 몰탈로 일체화

보강공사 포인트②

기존 구조체에 외부 부착형으로 설치되는 내진 프레임은 구조체에 앙카와 철근을 설치하여 긴결시킨 후 무수축 몰탈로 일체화시켰다. 내진보강 브레이스를 기존 구조체에 부착시키기 위해서 7000본의 앙카를 설치했다. 건물의 기둥과 보 부분에는 철근이 삽입되어 있었기 때문에 이 부분에 간섭을 받지 않게 설계를 해야 할 뿐만 아니라 콘크리트의 피복두께를 확보하지 않으면 안된다. 시공을 하기에 앞서 샘플링 조사와 상세한 현장조사를 실시했다.

건물 내부의 오피스와 음식점은 영업을 하면서 리파이닝 공사를 실시했기 때문에 일반적으로 구조체에 앙카의 설치구멍을 뚫기 위해 사용되는 핸드드릴을 사용하지않고 소음과 진동이 적게 발생하는 사일런트 공법으로 시공했다.

▲ 남측 브레이스 철골 기초

▲ 외부 무수축 몰탈의 착력시험

▲ 남측 브레이스 지면부

▲ 외벽 크랙 보수

▲ 남측 기초 앙카 설치

▲ 브레이스 연속 스판 배치

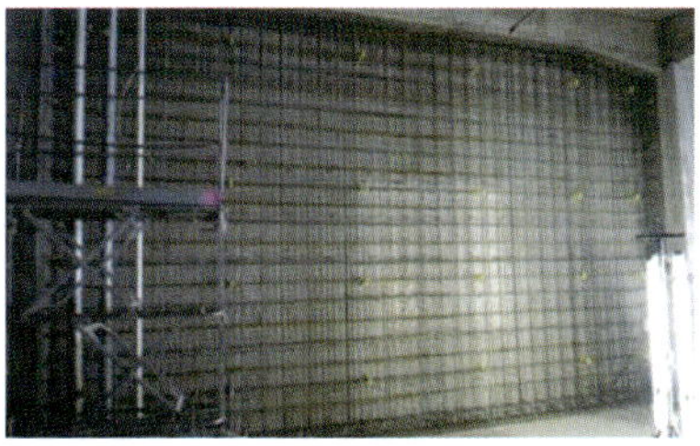

▲ 내진벽 무앙카공법

▲ 내부 부착형 브레이스 공사 과정 A

▲ 내진 브레이스 설치(4층)

▲ 내부 부착형 브레이스 공사 과정 B

▲ 브레이스 설치

▲ 내부 부착형 브레이스 공사 과정 C

▲ 내부 부착형 브레이스(kt브레이스)

▲ 내부 부착형 브레이스 공사 과정 D

▲ 내진 브레이스 시공 완료(4층)

▲ 내부 부착형 브레이스 공사 과정 E

보강공사 포인트③

오피스와 음식점포는 영업을 계속하면서 시공을 했기 때문에 내부 시공은 소음과 진동을 고려한 대책을 세워 시공을 실시했다.
기존의 콘크리트벽에 증타설하여 내진벽을 만드는 경우에는 일반적으로 앙카를 박은 뒤 박은 앙카에 조립한 철근을 일체화시킨 후 콘크리트를 타설한다. 앙카를 박으면 기존 구조체를 손상시킬 뿐더러 소음과 진동도 상당히 크다. 그렇기 때문에 이번 공사는 앙카를 설치하는 대신에 조골재를 식물성 지방으로 고체화시킨 접착 시트를 부착하는 방식으로 시공을 했다. 이 접착시트는 타설한 콘크리트가 기존의 기둥과 보를 밀쳐내듯 팽창하여 기존의 콘크리트와 신설한 내진벽이 일체화된다.

보강공사 포인트④

건물내부에 설치한 내진 프레임도 마찬가지로 소음과 진동을 저감하는 공법으로 채용하여 시공을 실시했다. 기둥과 보, 바닥에 의해 형성된 내측 보강공사는 일반적으로 철골 프레임으로 고정시키기 위해 앙카가 사용되지만, 이번 공사에는 콘크리트 내진벽을 증설할 때 사용하는 접착공법으로 시공했다. 철골과 기존 구조체 사이의 틈에는 에폭시 식물성 지방을 삽입하여 고정시켰다. 앙카를 구조체에 설치하지 않았기 때문에 소음과 진동을 저감시킴과 동시에 벽의 내부에 설치된 배선을 절단하는 리스크도 피할 수 있었다. 또한, 철골과 기존 구조체와의 틈을 20mm 정도로 줄이는 시공정도精度가 요구됐다. 또한, 내부에 내진 프레임을 설치하는 모든 부분에 대해 실측 조사를 실시했다.

Diagram

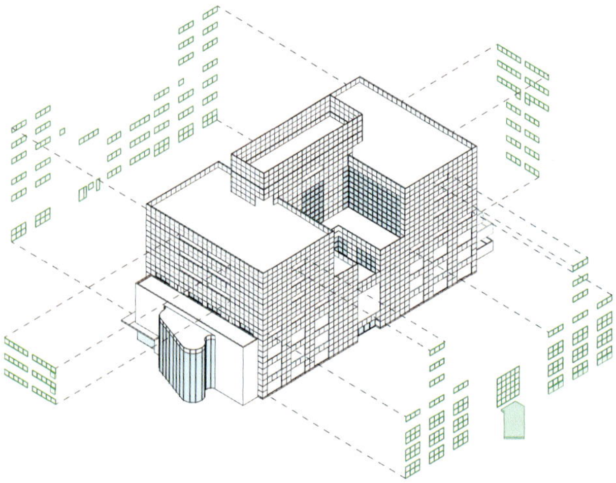

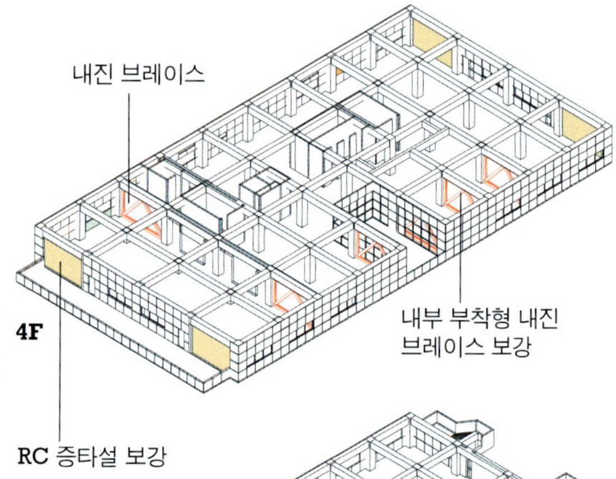

1 해체

기존 건물은 준공된 지 29년이 경과하여 구 내진 기준 건물이기 때문에 부적합 건축물 구조계획상 불필요한 벽, 차양, 새시 등을 해체

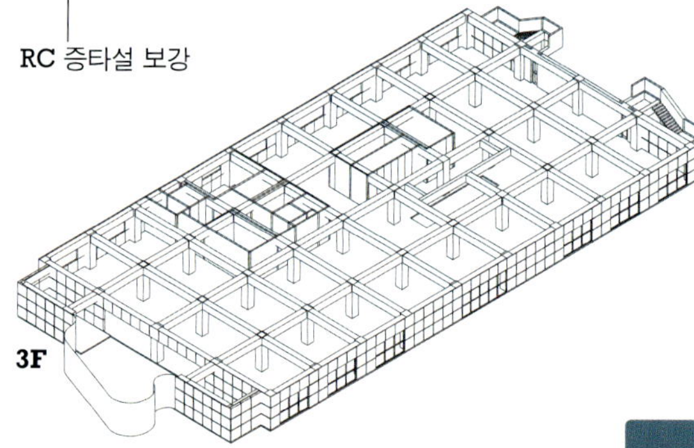

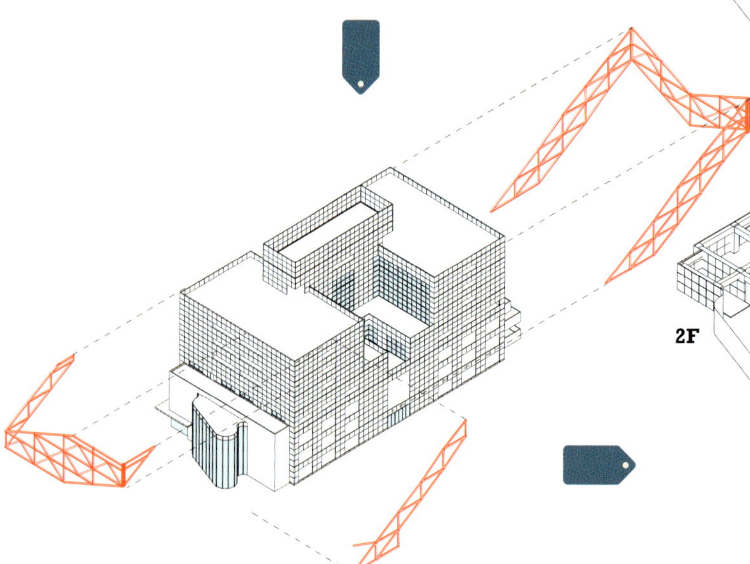

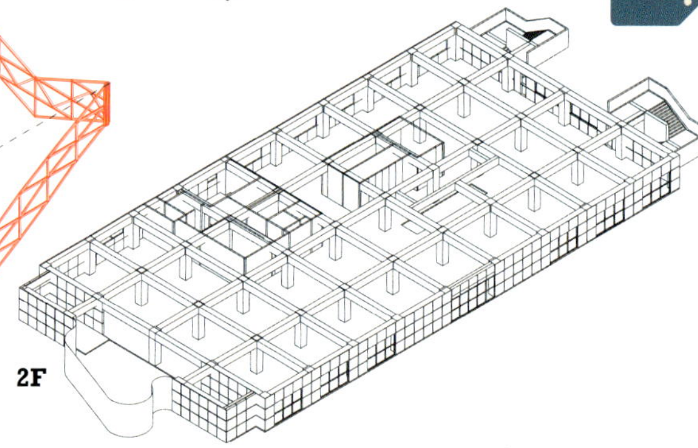

2 외부보강

세계 최초의「스파이럴 브레이스드 밴드 보강」으로 오피스를 옮기지 않고 사용하면서 시공이 가능하도록 외벽측에서 보강을 한다.

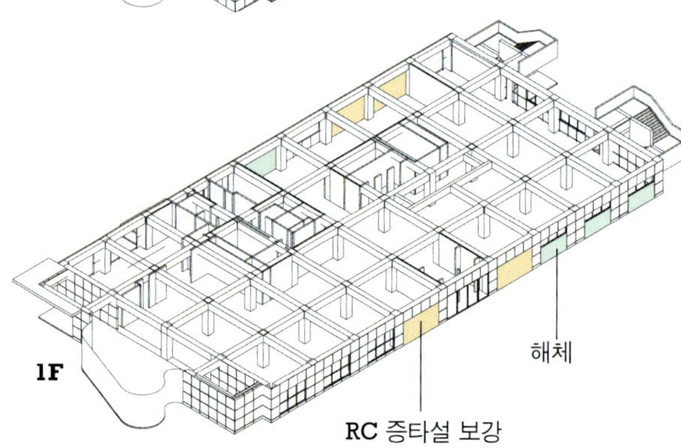

3 내부 해체

개구부 폐쇄 보강, 증타설 보강, 내진 프레임 보강 등을 균형있게 실시

Refining Point

건물의 외주부 프레임 보강 외에 건물의 내부에서 부착하는 방식으로 외벽 보강을 실시했다. 그리고 강도가 부족한 층은 내부 부착형 철골 프레이스와 RC내진벽을 증타설하여 보강을 실시했다.

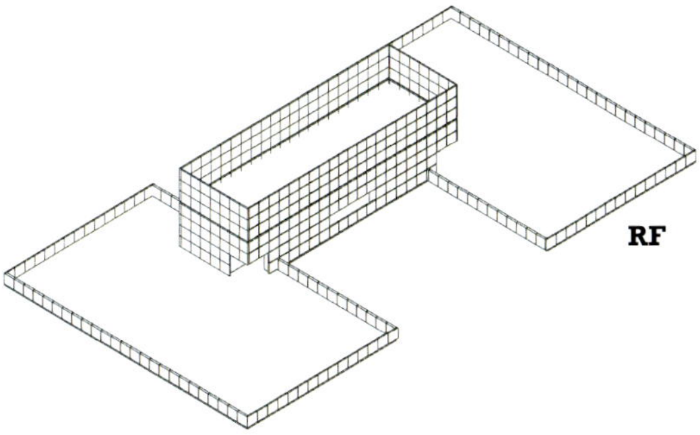
RF

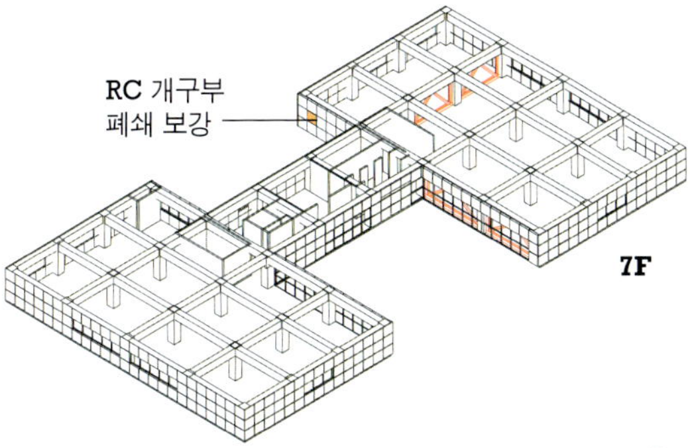

7F

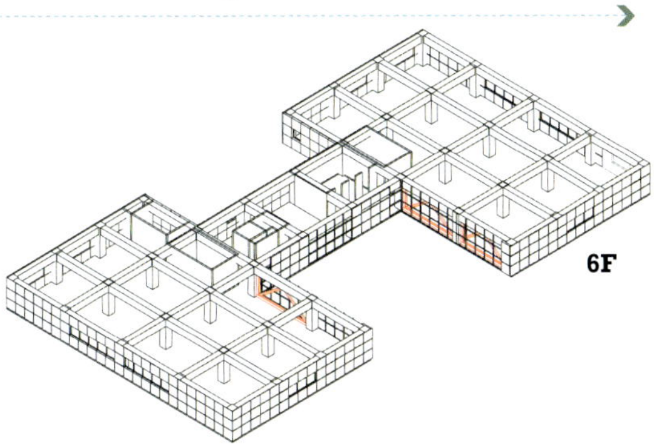
6F

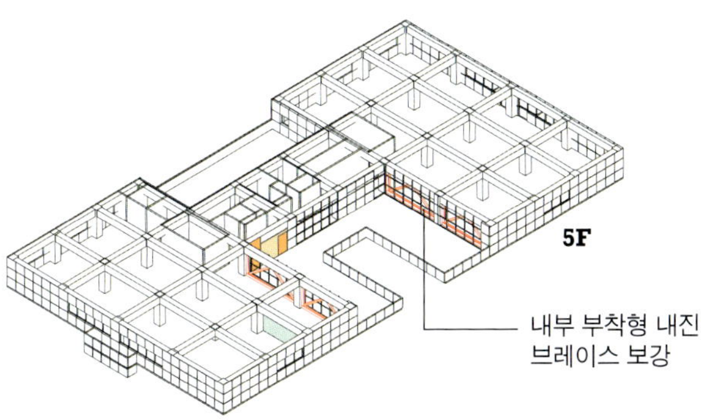

5F

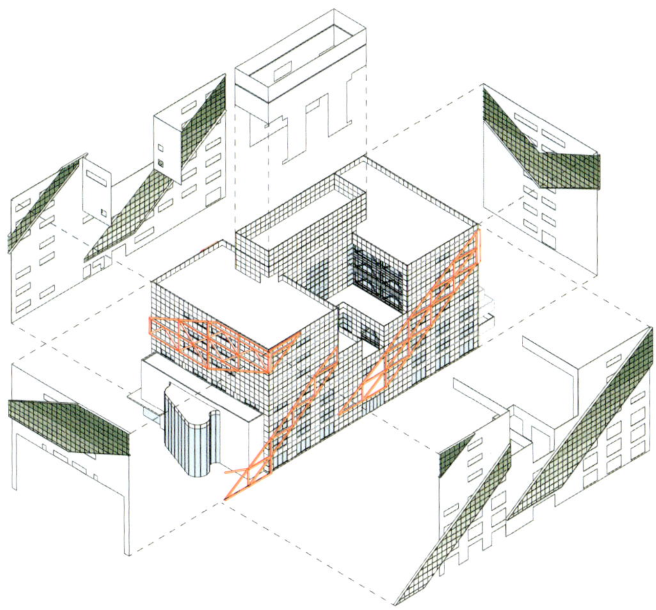

4 보강

구조체의 열화를 방지하기 위해 구조체의 보강 브레이스를 금속판과 글라스로 패키지화하였다. 이로써 외관 이미지가 일신되었다.

5 완료

하마마츠 살라浜松サーラ 리파이닝

세계 최초의 내진보강 구법으로 복합건축물의 대규모 리파이닝 실현

토카이東海지방은 토카이 지진이 발생할 확률이 높기 때문에 공공적 성격을 띠는 건물은 오래전부터 내진성능의 향상이 요구되어 왔다. 하마마츠 살라의 경우도 행정기관의 지도를 받았지만 규모가 큰 건물이였던 점과 자사 그룹뿐만 아니라 테넌트도 많이 입주해 있었기 때문에 좀처럼 개보수를 실시할 수 없었다. 이런 상황에서 기타야마창조연구소北山創造研究所의 기타야마타가오北山孝雄로부터 이 건물의 내진보강은 가능한지에 대한 의뢰를 받았다. 기존 건물은 고인이 된 쿠로카와기쇼가 설계한 건물이며 세계적으로 유명한 현대건축가 설계한 까닭에 리파이닝을 실시하면 일례가 될 듯하여 도전해 보기로 결심했다.

지어진 지 29년이 경과된 이 건물은 기술적인 문제점 이외에도 건물 소유지인 자사그룹이 사용하고 있는 공간, 외부 테넌트가 사용하고 있는 공간, 결혼식 등으로 사용되는 공간 등이 있었으며, 다양한 공간이 설계된 건물이다. 게다가 현재까지 사용한 건물면적을 리파이닝을 실시한 이후에도 몇 십년 동안 자사그룹 또는 테넌트가 계속적으로 동일한 면적을사용하는 것이 가능할 것인가? 라고 하는 문제도 당면과제로 부각됐다. 지방도시는 어느 곳이나 처한 상황이 유사한 것처럼 시간이 경과함에 따라 인구가 감소하고 공간은 필연적으로 남아돌게 되기 마련이다. 그렇기 때문에 기타야마가 고안한 테마는 공공공간Public Space을 많이 계획함으로써 이용자가 여유롭게 공간을 활용하여 사업하고 생활을 할 수 있지 않을까하는 점이었다. 그래서 도출된 최적안은 「공민관公民館과 같은 주민을 배려하는 오피스」를 만들자는 것이었다. 주민들이 자연스럽게 이곳에 모여들도록 유도하여 활력이 넘치는 공간이 만들어지면 필연적으로 이곳에 근무하는 사람들에게 긍정적인 영향을 미칠 것이라는 견해이다. 예를 들어 카페 등의 키친은 임대료를 받는 부분이지만 객석공간은 누구나가 쉽고 자유롭게 사용할 수 있는 공간으로 만들면 활력이 넘치는 공간을 창출할 수 있지 않을까? 이와 같은 컨셉으로 상업공간으로 활용되고 있는 1~4층에는 자유롭게 이용 가능한 공간을 만들었다. 또한 외부공간과 일체가 되도록 오픈스페이스를 만들었다. 이 결과 지역 주민의 이용률은 상승할 것으로 전망된다.

기존 건물은 경량콘크리트로 설계되어 있다고 문서상에 기록되어 있었지만 현장조사를 실시한 결과 실제로는 보통콘크리트로 시공되었다는 사실과 건물의 비중이 20% 정도 무거운 것으로 드러났다. 이 때문에 요구성능기준에 부합하기 위해서는 사전에 검토한 것보다 고강도의 내진보강이 필요했다. 그래서 가네바코구조설계사무소金箱構造設計事務所와 연구를 거듭한 결과 「스파이럴 브레이스드 벨트 보강Spiral brazed belt reinforcement」 구법을 개발했다. 이 구법은 「건물을 사용하면서 시공」을 실시하기 위해서 개발된 것이었기 때문에 내부의 내진보강을 최소화할 수 있는 내진보강 구법이다. 입주자가 건물 내에서 한번의 이동만으로 모든 공사가 완료될 수 있도록 시공계획을 수립했다. 시공을 실시하는 카지마건설鹿島建設은 자사의 기술을 기반으로 타사에서 개발된 내진보강방식도 적극적으로 도입하여 공기 내에 공사를 무사히 완료할 수 있었다. 외부 마감은 클라이어트가 가스회사인 점을 컨셉에 반영하여 가스분자를 디자인화한 갈바륨Galvalume 강판을 찬합처럼 끼워넣는 공법을 가츠마타금속勝又金属과 공동으로 개발하고, 수도대학도쿄에서 강도실험을 실시하여 안전성 확인 검사한 후 시공을 실시했다. 상당히 힘들고 고된 작업이었지만 많은 성과를 얻을 수 있었다.

개방감을 높인 공공공간

Refining of Hamamatsu Sala

The large-scale renovation of a complex building using the world's first anti-seismic reinforcement method

Since the probability of Tokai Earthquake is considered to be relatively high, the quake resistance of highly-public buildings should be enhanced in Tokai area. Hamamatsu Sala, like others, received administrative advice on the quake resistance but had difficulty in improving the resistance since it was large and had not only the company's own group tenants but also many other tenants. Under these circumstances, Takao Kitayama at Kitayama & Company asked me whether antiseismic reinforcement of this building was possible. Since the existing building was designed by Kisho Kurokawa, I thought that this would be a typical case of antiseismic reinforcement of modern architecture. So I decided to tackle the reinforcement.

After 29 years from the initial construction, the building had not only technological problems but also utilization problems since it had diverse types of space such as that used by company groups, that by other tenants, and that used for weddings.

Another problem was whether the company groups and the tenants could continue to use the building for the next several decades. Every suburban city has the problem of population decrease and only small floor spaces will be necessary. With this situation, Kitayama proposed the theme of making a large public space, with which users work and carry out other activities in plenty of space. The final answer that we reached was to make it like community center. If a space where people could gather around were provided, people working in the building would necessarily receive benefit. For example, if we make a cafe space or kitchen facilities there, we need to payrent but the table space, which is open to the public, would create a bustling atmosphere. Under this concept, large freely usable spaces were created on the first to fourth floors which had been used only as commercial space. Also a space that was connected to the outside was created. As a result, the utilization rate by local people has been increasing.

Light-weight concrete was used in the original design of the existing building. As a result of the survey, however, we found that ordinary concrete was actually used, which increased the building weight by 20%. Considerable antiseismic reinforcement was therefore necessary. I discussed the problem with Kanebako Structural Engineers and decided to employ "spiral brazed belt reinforcement," which is a method of making internal antiseismic reinforcement as small as possible to conduct the antiseismic reinforcement work with the building being used. The building users had only to move inside the building for the work. Kajima, which actually conducted the refining, used not only its own technology but also the antiseismic reinforcement method developed by another company and completed the work as scheduled.

For the external fi nishing, we developed a construction method of attaching lunch-box shaped galvalume metal sheets as a symbol of gas molecules, in collaboration with Katsumata Metal Industry considering that the client is a gas company. We performed experiments on this method at Tokyo Metropolitan University and used the method in actual construction after checking its safety. It was difficult work but we achieved satisfactory results.

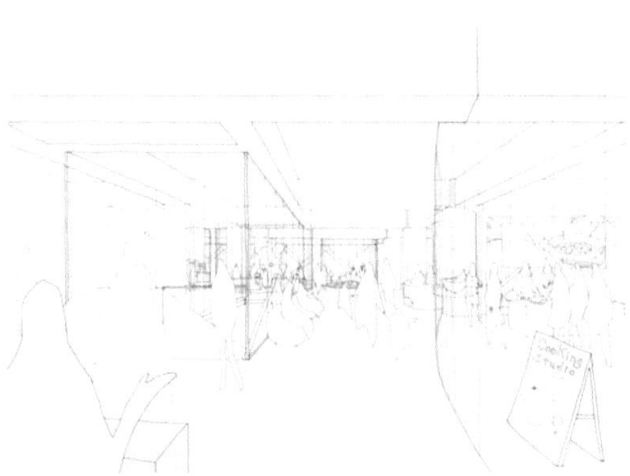

No.4
Refining of YS Building
YS BLD. 리파이닝
낡고 오래된 건물을 도심의 쾌적한 주거생활을 위한 장수명 주거로

▲ 4층 다이닝 키친에서 바라본 옥상 발코니와 거실 모습
발코니 공간을 효율적으로 활용하여 공간이 대폭 넓어짐에 따라 공간활용면에서 유리함

◀ 야경. 루버사이로 부드러운 빛이 외부로 흘러나온다.

▲ Before: 커다란 개구부와 발코니가 있었지만 개방적인 생활이 어려웠다.

▶ 발코니를 덮은 재생목 루버는 맞은편 맨션의 발코니에서 이쪽을 향한 시선을 차단하는 효과가 있을 뿐만 아니라 바람과 빛만이 은은하게 실내로 유입되는 효과가 있다. 루버의 일부는 개폐가 가능하다.

▶ 외벽을 갈바늄 강판으로 감싸주고 발코니에는 재생목 루버를 설치하여 외관 디자인을 완성했다. 발코니 일부는 철거했다. 기존 구조체를 "외단열재를 활용한 외장 디자인"과 "내단열재를 활용한 내장 디자인"을 하였다. 이중 단열시공하여 구조체 콘크리트에 외기가 직접 닿지 않도록 처리하여 중성화와 열화劣化를 방지했다.

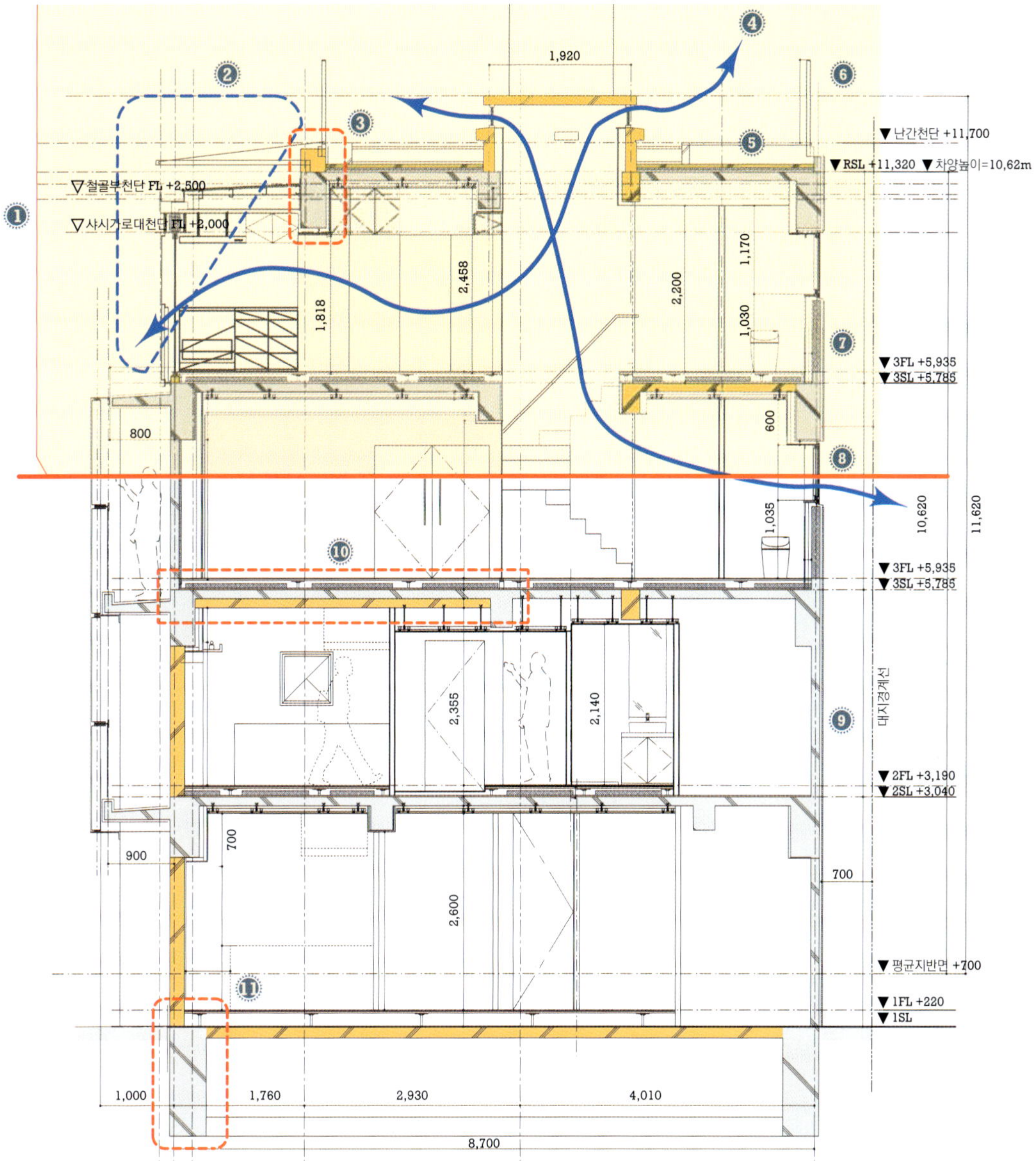

◀ 4층 거실. 맨 위층이라는 조건을 살려 밝고 개방감 있는 공간을 창출. 3, 4층은 메조네트식 주거였기 때문에 3, 4층을 연결하는 계단을 새롭게 설치했다.

키친 부분은 천공률天空率을 적용하여 면적기준에 대해 규제완화된 스페이스

▼ 옥상은 하이사이드 라이트 신설과 옥상녹화

Refining Point

1. 일사 제한에 따른 기존 건물의 부적격 기준 완화
2. 천공률(현행법규)에 의해 면적이 완화됐기에 가능해진 실내
3. 역보 구조로 설계하여 8m의 대공간large span 확보
4. 하이사이드 라이트(신설)로 메조네트의 환기 계획
5. 옥상녹화로 거주환경 개선(조성금 취득)
6. 고반사 도료를 사용하여 구체 단열(조성금 취득)
7. 건물 중량 경감을 위해 RC 요벽을 철거하고 건식 요벽을 설치
8. 단열 효과를 높이기 위해 LOW-e 복층 글라스 사용
9. 기존 구조체의 외부는 단열재+갈바늄 강판으로 덮었으며 내부는 발포 우레탄+마감재로 보호해 내외 단열을 구현
10. 노能 무대가 있는 3층에서 아래층으로 전달되는 중량 충격음 완화를 위해 슬래브 두께 보강을 실시
11. 확인 검사증이 없어서 기초 체크를 실시

3 Floor Plan

Refining Point

1. 엘리베이터를 신설하기 위해 슬래브와 계단을 해체
2. 메조네트 주거로 만들기 위해 내부에 계단 신설
3. 노 무대 아래층에 전달되는 소음을 경감시키기 위해 RC 바닥 두께를 보강
4. 구조체의 중량을 줄이기 위해 발코니 일부를 해체.
5. 루버 안쪽은 완충공간으로 에어컨 실외기 등을 이곳에 설치

: RC 기존 구조체
: 신규 RC구조체
: 건식 칸막이
: 건식 구조체
: 포인트

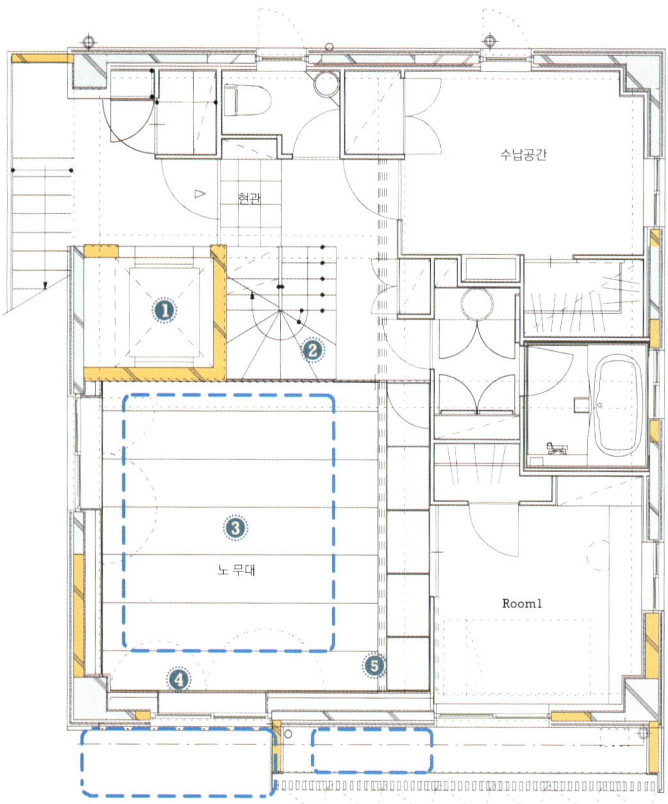

▲ 3층 평면도(after) 축척 1/100

▲ Room1 ▼ 노能 무대

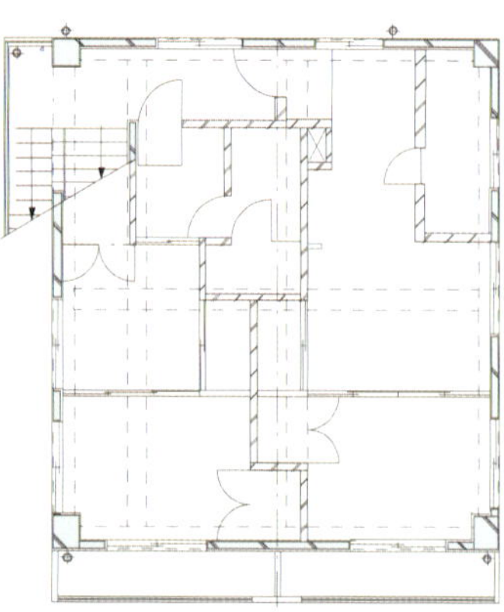

▲ 3층 평면도(before) 축척 1/200

▲ Before: 현관을 들어서면 부엌과 다이닝룸, 그 안쪽에 발코니에 접한 거실이 있었다.
▶ Before: 발코니에 접한 거실.

4 Floor Plan

Refining Point

❶ 엘리베이터 신설을 위해 슬래브를 해체
❷ 계단을 설치하기 위해 슬래브를 해체
❸ 옥상보를 역보보강. 그 결과, 수벽보강이 필요없어져 개방적인 공간을 실현했다.
❹ 천공률에 의한 완화를 적용하여 키친 면적 증가
❺ 톱하이사이드 라이트를 증설
❻ RH층, 옥상녹화

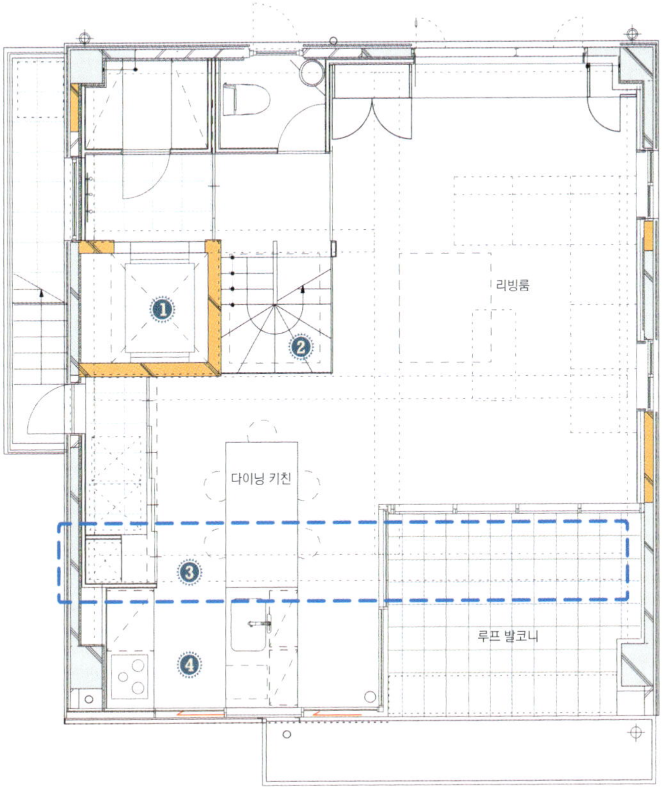

▲ 4층 평면도(after) 축척 1/100

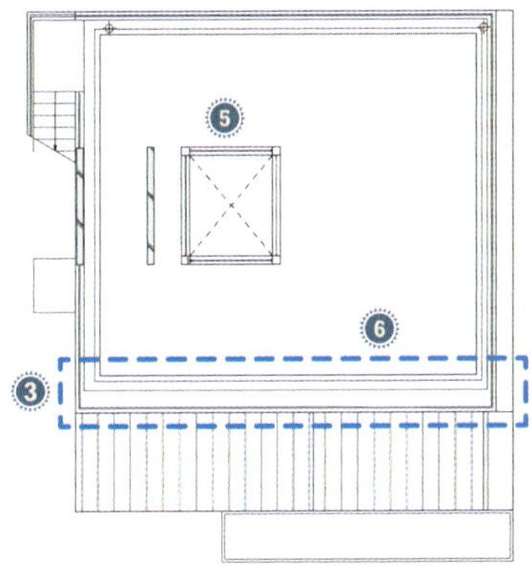
▲ RH층 평면도(after) 축척 1/200

▲ 발코니에는 녹화벽을 설치하여 주변의 시선을 차단할 계획.

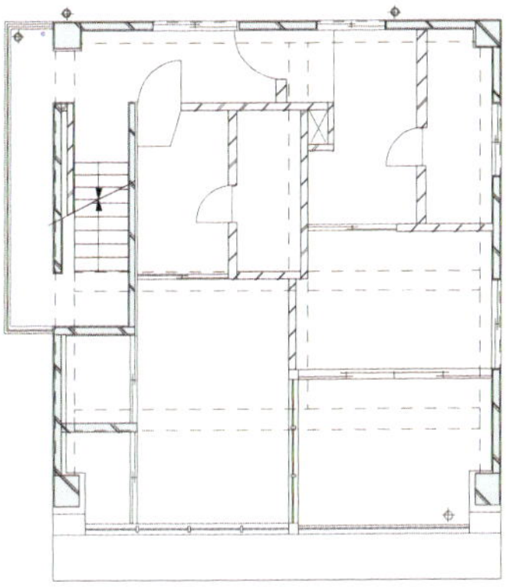
▲ 4층 평면도(before) 축척 1/200

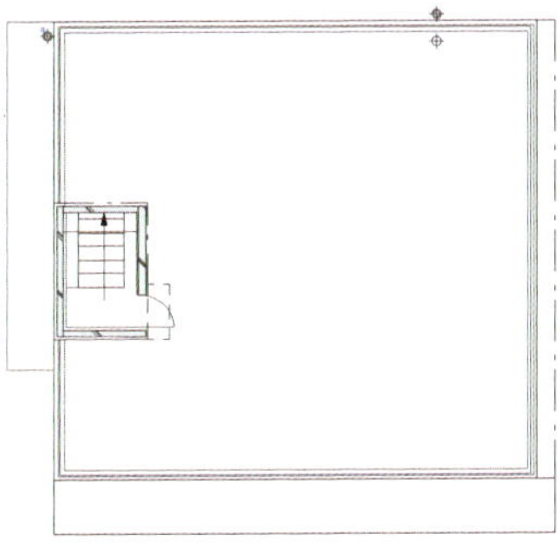
▲ RH층 평면도(before) 축척 1/200

▲ Before: 거실과 발코니

3 Floor Plan

Refining Point

❶ 엘리베이터를 신설하기 위해 슬래브 해체
❷ 구조체의 중량을 줄이기 위해 발코니 일부를 해체
❸ 발코니에 루버 설치
❹ 공간 중앙에 콘크리트벽 설치(내진 보강)
❺ 기존 구조체의 기둥 4곳에 수벽袖壁을 설치(내진 보강)

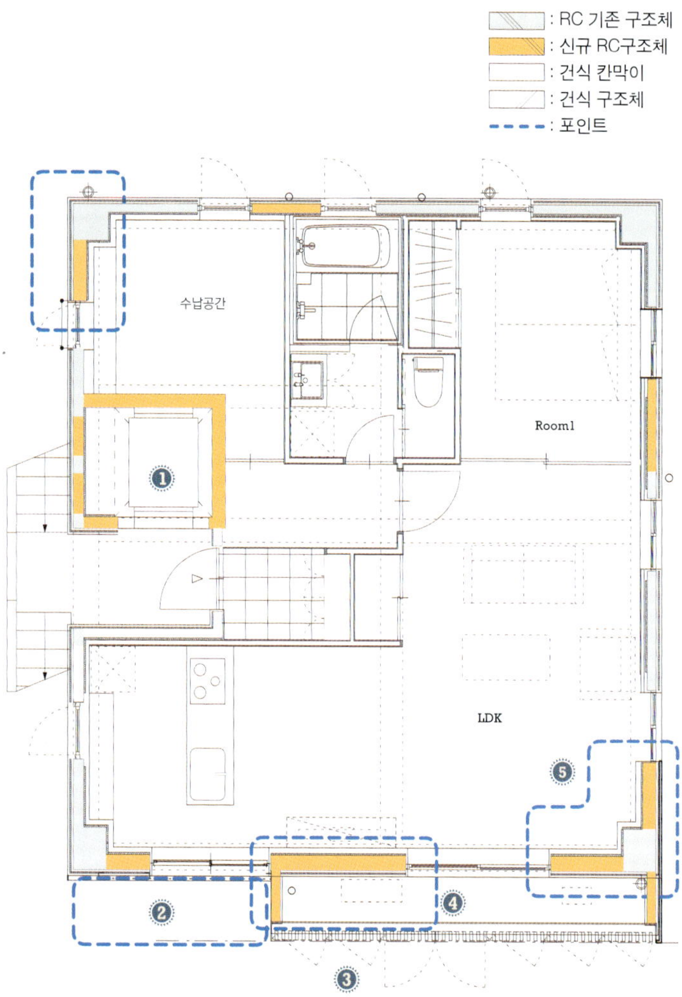

▲ 2층 평면도(after) 축척 1/100

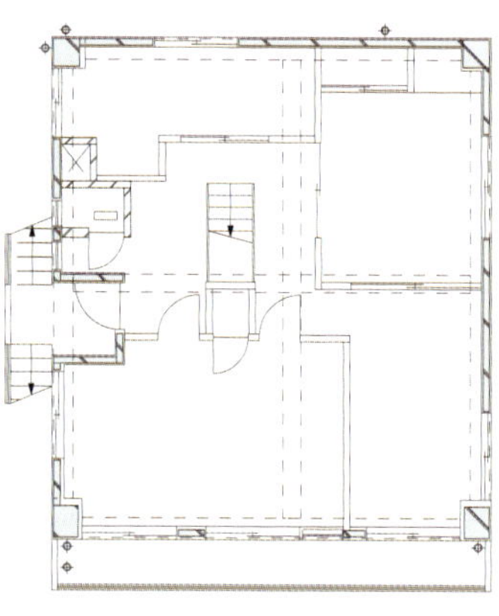

▲ 2층 평면도(before) 축척 1/200

▲ Before: 방 전면에 발코니가 있었으나 발을 치거나 식물을 놓는 방법 등으로 맞은편 건물의 시선을 차단했다.
▼ Before: 2층 방

▲ 2층 리빙 다이닝. 콘크리트 그대로 드러나 있는 부엌 천장은 소음 차단용 RC 보강

◀ Before: 리파이닝 공사 진행중인 모습. 마감재를 모두 철거하여 구조체가 노출된 상태

2 Floor Plan

Refining Point

❶ 엘리베이터를 신설하기 위해 슬래브 해체
❷ 공간 중앙에 콘크리트벽을 설치(내진 보강)
❸ 기존 구조체의 기둥 4곳에 수벽 설치(내진 보강)

: RC 기존 구조체
: 신규 RC구조체
: 건식 칸막이
: 건식 구조체
: 포인트

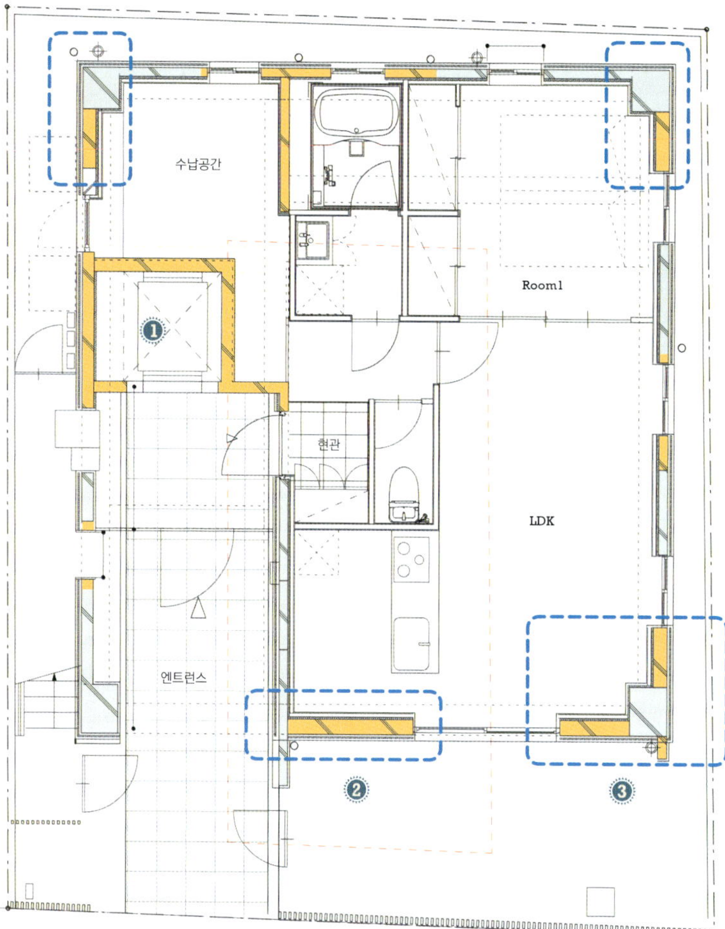

1층 평면도(after) 축척 1/100

수납공간. 콘크리트 박스는 신설한 엘리베이터 샤프트

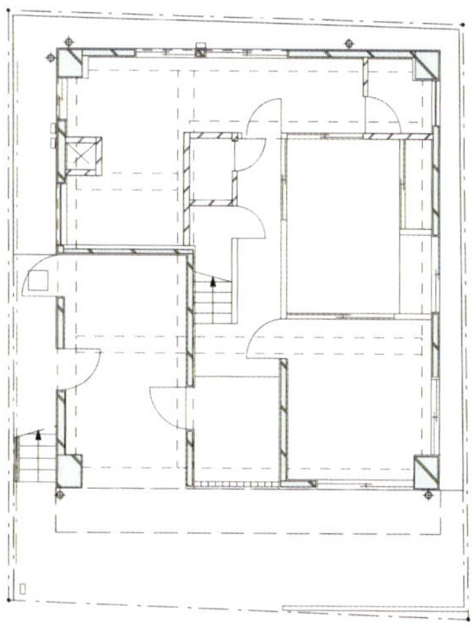

1층 평면도(before) 축척 1/200

Before: 기존 주차장은 리파이닝 후에 입구로 변경

Before: 거실

구조기초조사

구조 도면과 구조 계산서가 없었기 때문에 공사에 앞서 슈미트 해머 시험에 의한 콘크리트 압축 추정 조사, 콘크리트 따내기Chipping, 콘크리트 코어 관통 조사, 크기 확인, 구체 기초 조사 등을 실시하여 각 층별로 체크시트를 작성해 구조도면을 복원했다.

▼ 기존 건물과 콘크리트 상태

▼ 슈미트 해머 시험

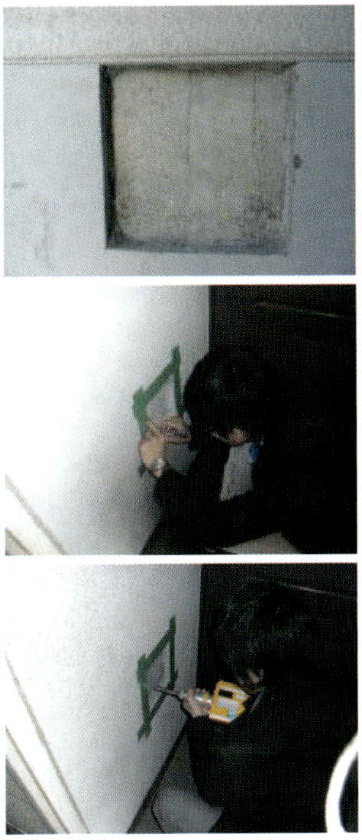

▼ 기초조사

▼ 기존 상태 상세도(1층)

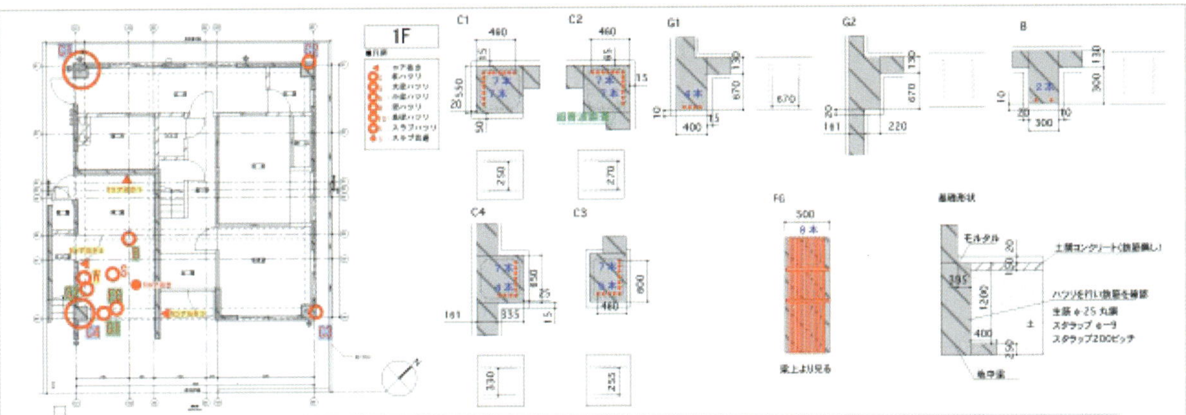

	調査方法			主筋			帯筋		
		柱寸法	かぶり厚さ	径	本数	鉄筋の種別	径	ピッチ	鉄筋の種別
C1	ハツリ調査	500×550	36	D−25	7本×7本	異形鉄筋	φ−9	250	丸鋼
C2	ハツリ調査	500×550	39	D−25	7本×7本	異形鉄筋	φ−9	270	丸鋼
C3	ハツリ調査	500×650	36	D−25	5本×7本	異形鉄筋	φ−9	255	丸鋼
C4	ハツリ調査	496×650	70	D−25	4本×7本	異形鉄筋	φ−9	330	丸鋼
				主筋			あばら筋		
		梁寸法	かぶり厚さ	径	本数	鉄筋の種別	径	ピッチ	鉄筋の種別
G1	ハツリ調査	400×800	20	D−25	4本	異形鉄筋	φ−9	250	丸鋼
G2	大きさの確認	381×800							
FG	ハツリ調査	幅 500		φ−25	8本	丸鋼	φ−9	250	丸鋼
B	ハツリ調査	300×430	30	φ−22	2本	丸鋼	φ−9	200	丸鋼
		厚さ	かぶり厚さ	径	鉄筋の種別	強度	ピッチ		
W	ハツリ調査		45	φ9(タテ)×φ9(ヨコ)	丸鋼		@200		
W	コア抜き1	外モルタル30 RC打ち放し90							
	コア抜き2	外モルタル27 RC161 内モルタル15							
	コア抜き3	玄関側モルタル43 RC117 外モルタル10							
		厚さ	かぶり厚さ	径	本数	鉄筋の種別			
S	ハツリ調査			鉄筋無し	鉄筋無し	鉄筋無し			
	躯体昼間調査	RC150	鉄筋無し						

Diagram

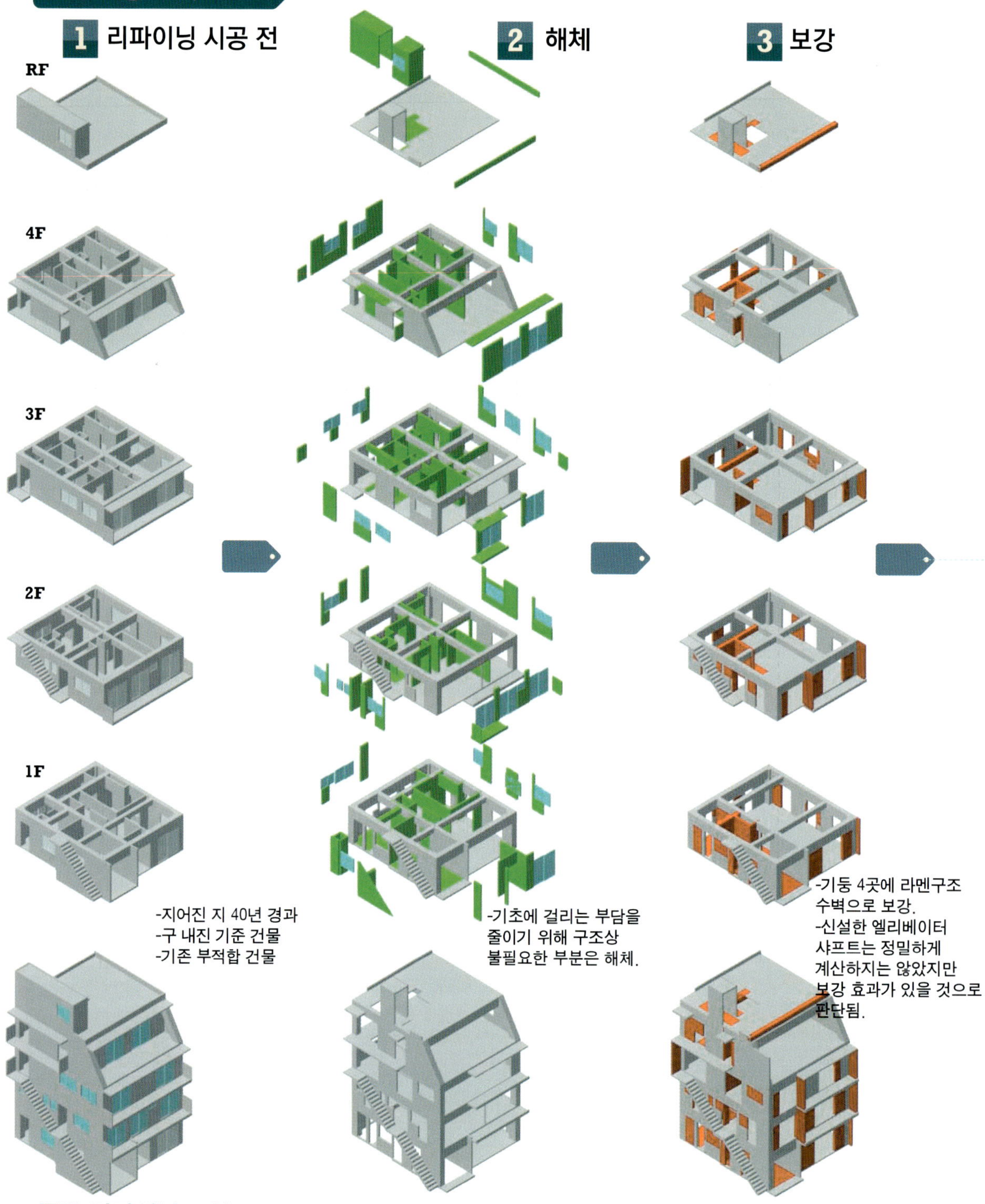

구조 리파이닝 포인트

① 기존 건물은 기둥 4곳이 건물을 떠받치는 골조 구조. 일반적인 내진진단기준(Is값 0.6)을 초과하는 Is값 0.7을 만족하도록 보강공사를 실시하였으며 수벽과 신설한 엘리베이터의 철근 콘크리트 코어부분을 중점적으로 보강하였다.

② 보강에 따른 건물의 중량 증가는 기초에 부담을 주기 때문에 불필요한 요벽과 옥탑방, 발코니 일부를 철거했다.

③ 맨 위층(4층)은 역보逆梁 보강을 실시하여 개방적인 8m공간을 창출했다.

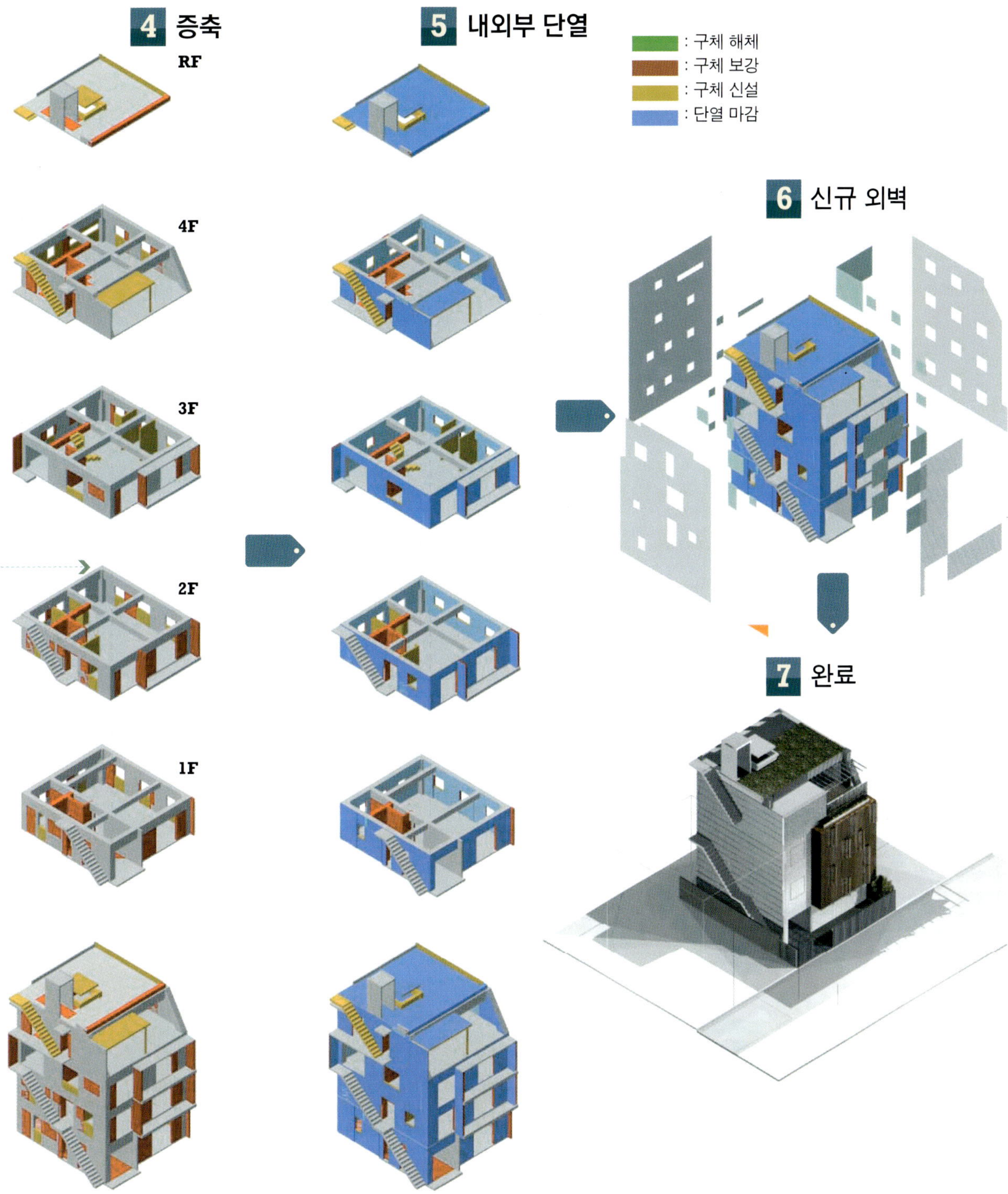

실내 환경 리파이닝 포인트

① 폭 4미터의 전면도로(남동쪽)에 면해 있고 이웃하는 맨션의 발코니와 근접해 있었기 때문에 도로쪽 외벽에 재생목과 금속으로 된 루버를 설치하여 프라이버시를 확보하고 일사량을 조절했다.

② 외벽에는 외단열과 내단열을 적용하여 지붕, 벽, 마루에 닿는 외기를 철저하게 차단했다.

③ 실내의 열기는 건물의 중심에 신설된 메조네트 로프트를 통해 톱사이드 라이트로 배출된다. 외부환경 등의 크게 영향을 받지 않고 안정적으로 여름철과 겨울철 모두 쾌적한 실내환경을 유지할 수 있다.

YS BLD. 리파이닝

기존 콘크리트 구조체를 고효율 자재로 보강하고 단열성능을 높여, 저탄소 에너지 절감과 쾌적한 실내 주거환경 조성

도쿄, 후쿠오카, 오이타에 사무소가 있어서 왔다 갔다 하는 생활을 계속하다가 요근래에는 도쿄에서 지내는 시간이 길어졌다. 하지만 맨션 생활이 좀처럼 익숙해지지 않고 아내도 거주성면에서 좀 더 쾌적했으면 좋겠다는 바람을 내놓았기에 그렇다면 내가 개발한 리파이닝 건축 기법을 적용해 보자는 생각이 들었다. 먼저 금융기관과 상담해서 예산을 책정하고 예산한도 내에서 구입 가능한 토지와 건물을 물색해나가기 시작했다. 구입 가능한 건물이 두 곳이었는데 하나는 건축도서와 확인신청서, 검사필증 등이 모두 갖춰져 있었다. 또 다른 건물은 그렇지 않았다. 내가 실제로 구입한 미타지역의 건물은 자료가 전혀 없었고 있는 것이라고는 간단한 평면도뿐이었다. 미나토구 구청에 가서 건축대장을 조사해 보니 확인신청서는 제출되어 있었으나 검사필증이 없었다. 하지만 미나토구의 해저드맵을 살펴본 결과 후보 건물 첫번째는 호우 시 수몰될 위험이 있는 지구였다. 반면 미타 지역의 건물은 고지대에 위치해 있어 택지면에서 나무랄 데가 없었고 근처에 카메즈카亀塚 고분과 황족의 주거지가 있어 지반이 안정적이라고 판단했다. 건축도서가 없었기 때문에 리스크가 컸지만 리파이닝 시공을 성공적으로 마무리한다면 그 동안 쌓아온 기술이 뛰어나다는 것을 증명할 수 있는 기회라고 생각했다. 건물주와 협의해서 콘크리트의 압축강도 등 전체적으로 건물 조사를 실시해서 리파이닝이 불가능하다고 판명될 경우에는 해약한다는 조건으로 착수금을 걸고 구조 조사에 착수했다. 그 결과 생각했던 것 이상으로 내력이 있는 것으로 확인됐다.

조사기간 중에 구입하고 실시설계를 수행할 수 있도록 설계작업에 들어갔다. 일반 시민들도 쉽게 접근할 수 있게 하고 리파이닝 건축의 문턱을 낮추고자 임대주택이 딸린 자택을 계획하여 1, 2층은 임대주택으로, 3, 4층은 자택으로 사용하고 일부는 연습장稽古場으로 쓰기로 했다.

기존 건물은 한 변의 길이가 8미터인 거의 정사각형에 가까운 건물이며 구조적으로는 4곳의 기둥이 건물을 지탱하는 단순한 구조로 되어 있었다. 예전에 리파이닝한 FTK BLD.(효고현 고베시, 기존 건물 준공: 1972년, 리파이닝 완성: 2009년)은 한신 아와지 대지진 당시 구 내진기준의 건물이 어떻게 견뎌낼 수 있었는지 수도대학도쿄의 기타야마 가즈히로北山和宏 연구실에서 검증을 실시한 결과, 수벽이 있어 견딜 수 있었다는 결론에 도달했다. 그래서 이번 건물도 골조 구조를 수벽으로 보강하는 방향으로 계획을 수립했다. 이로 인해 필연적으로 발생하게 되는 제약조건, 즉 개구부를 많이 낼 수 없다는 점 등을 설계에 반영하여 친환경적인 설계와 미관적으로도 신축건물 못지 않게 멋진 건물을 설계했다.

대학에 근무하면서부터 특히 환경적으로 지속 가능한 설계를 여러 측면에서 검토하게 되었다. 이번에도 시공에 들어가기에 앞서 수도대학도쿄의 스나가 노부유키須永修通 선생과 의논하여 친환경적인 개념을 건물 디자인에 반영시켰다. 3, 4층은 온도차를 이용해서 베란다와 창문 등의 개구부에서 공기가 유입되어 옥상에 설치한 톱라이트로 내부공기가 빠져나가도록 만들었는데 이것이 상당히 효과적임을 알게 됐다. 그리고 구조체 콘크리트는 외부에 외단열을 한 뒤 갈바늄 강판으로 마감하고 내부는 내단열을 실시한 뒤 회반죽으로 마감했다. 콘크리트 자체는 축열하는 기능이 없다는 점과 콘크리트를 중성화로부터 보호하기 위해 노력한 결과 보온 및 보냉 효과가 탁월했다. 초여름에는 공기순환만으로 지낼 수 있었고 에어컨을 켜면 단숨에 시원해졌다. 이처럼 단열 조치를 모든 건물에 시행한다면 도쿄의 열섬효과도 상당히 억제될 것으로 보인다.

오랜 세월동안 시골에서 살아온 나에게 도시생활에 있어서 쾌적성 향상이 가장 중요한 문제였기에 기존 건물의 용적률을 고려하여 4층의 거실 공간에는 가급적 넓은 테라스를 만들고 내부 공간과 일체화시켜 이용할 수 있게 했다. 날씨가 좋은 계절에는 여기서 바베큐도 즐길 수 있으니 도시 생활자에게는 꽤나 편안하고 아늑한 공간이다. 기존 건물은 천장이 낮았으나 이곳저곳 손대지 않고 베란다를 충분히 활용하여 답답한 느낌을 해소하였으며 생각해왔던 디자인이 실현되었다. 1, 2층을 사용할 입주자도 들어와서 예정대로 대금을 상환할 수 있었다.

Refining of YS building

Sandwiching the existing concrete walls with insulating and finishing materials, highly effective for protecting the building frame and creating a comfortable room environment

My offices are in Tokyo, Fukuoka and Oita and I have stayed in each of the cities, coming and going between them. But now I spend most of my time in Tokyo. My wife however had difficulty in getting used to living in an apartment complex and wanted to have a more comfortable living environment. So I decided to build a new house using the refining architecture method that I have developed. I first determined the budget in consultation with a bank and looked for land and a building that I could afford. I found two places. One was a building with a full set of architectural documents, building certification application document, and inspection certificate. For the other building, which I actually bought, there was no building information material but a simple ground plan. I checked the ledger at Minato Ward Office and found that the building certifi cate had been applied for but could not fi nd the inspection certificate. However, I found from the hazard map of Minato Ward that the former building was subject to flooding after heavy rain. On the other hand, the latter was in an upland area on stable land in Mita area, with Kamezuka Ancient Tomb and an imperial family's house nearby. Although the lack of architectural documents posed a considerable risk, I thought that if I succeeded in refining the building it would be proof of my refining technology. Upon discussion with the owner, we decided that the deposit that I paid in advance would be refunded if I found the refining to be impossible from the survey of the building including the compressive strength of the concrete. I then surveyed the building and found it to be stronger than expected.

During the survey, I also designed the refining architecture so that I could start work immediately after I purchased the building. To make it a model of the refining architecture that ordinary people could afford, I decided to refine it into a house with rooms to rent and planned the first and second floors as rented apartment rooms and the third and fourth floors as my house with a practice room. The existing building was 8m^2 and had a simple rigid-frame structure with four columns. When I investigated how FTK BLD. (Kobe City, Hyogo Prefecture; first built in 1972 and refined in 2009), which I refined several years ago, survived the Great Hanshin-Awaji Earthquake in collaboration with Kazuhiro Kitayama's group of Tokyo Metropolitan University, we concluded that the side walls were effective. So I decided to use sidewalls to reinforce the rigid-frame structure. This necessarily restricted the openings but I tried to pay attention to the environment and make its appearance as fine as that of a newly-constructed building. Since I became a university lecturer my thinking about the environment has changed significantly. For the present case, I consulted Professor Nobuyuki Sunaga at Tokyo Metropolitan University and decided to aim for environmentally-distinguished architecture and design. For the third and fourth floors, the temperature difference gave rise to air flow from the openings of the balcony and the windows to the top light space of the roof. I found this air flow system very effective. The concrete housing was finished with galvanized steel plates for external thermal insulation and the inside was finished with internal thermal insulation and plaster. This was so that the finishing would prevent the concrete from storing heat or being neutralized. The thermal insulation was very effective. The air flow makes the room temperature comfortable in the summer and switching on the air conditioner immediately cools the rooms. I think that the heat island phenomena of Tokyo would be suppressed significantly if this insulation method were applied to all buildings.

I had lived in a rural area for a long time and it was therefore important for me to augment the comfort of urban life. Taking account of the plot ratio of the existing building I made a terrace in the living area on the fourth floor as large as possible to use it as unified space with the inner room. We can have a barbeque on the terrace in good weather and it makes a comfortable atmosphere for urban living. Since the ceiling of the existing building was relatively low, I used ingenuity in finishing the ceiling surface. With this finishing, as well as the terrace, the space does not feel enclosed. The building was thus renewed just as I intended. We now have residents on the first and second floors and the repayment plan is progressing as scheduled.

No.5
Refining of former Tobata Ward Office [Project]

옛 도바타구戸畑区 청사

사랑받아온 옛 청사, 시민문화공간으로 재탄생

▲ 북서측 외관. 정면에 새롭게 설치한 계단이 보인다.

옛 도바타구戸畑区 청사는 1933년에 도바타시청으로 건립된 건축물로 1963년 기타큐슈시北九州市가 발족된 이후 본청사 건물은 도바타구 청사로 시민들에게 사랑받아왔다.
(2007년에 신청사로 이전)

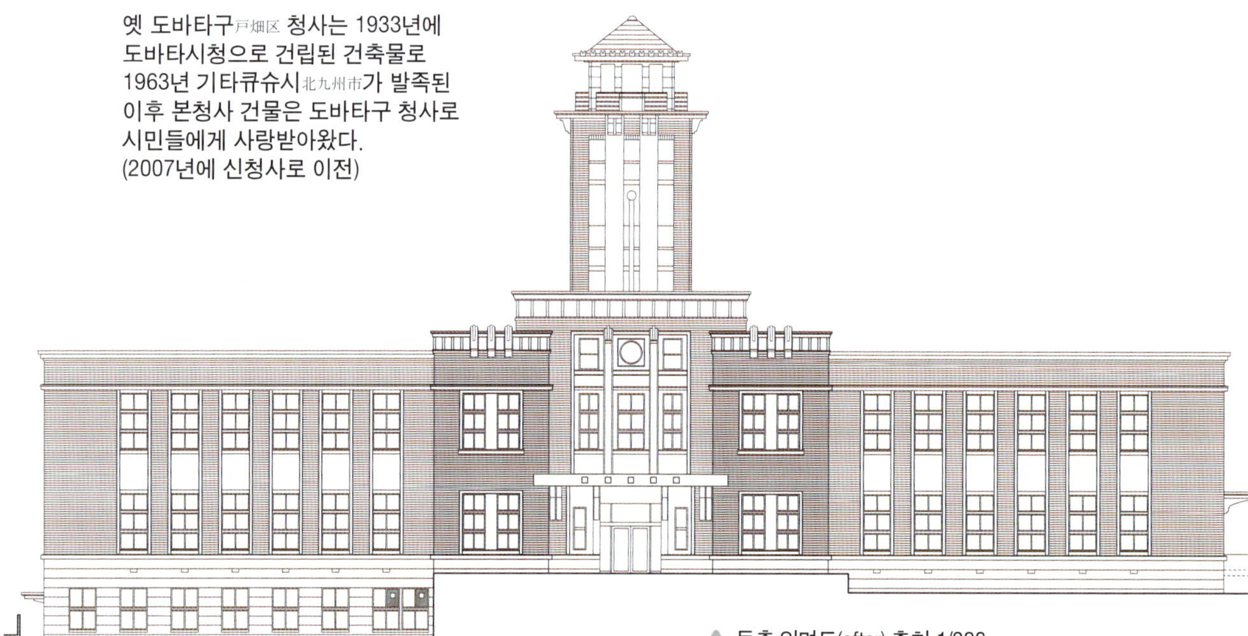

▲ 동측 입면도(after) 축척 1/300

▲ 로비에서 바라본 구조 보강 이미지

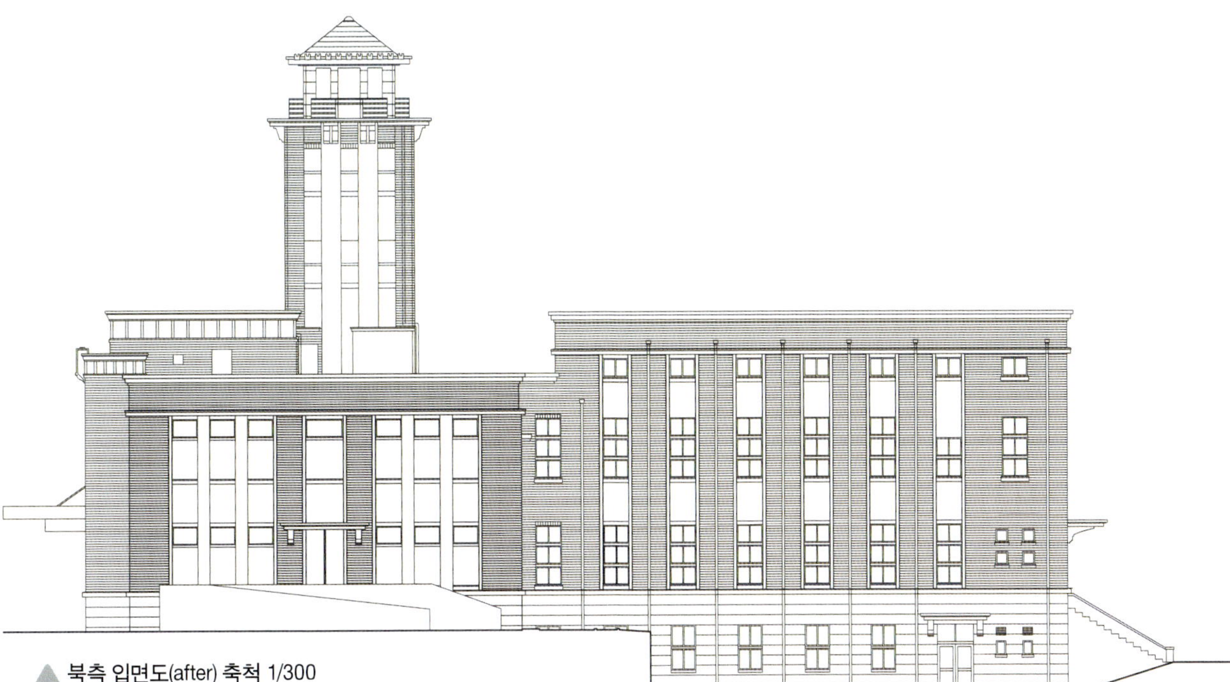

▲ 북측 입면도(after) 축척 1/300

Site Planning

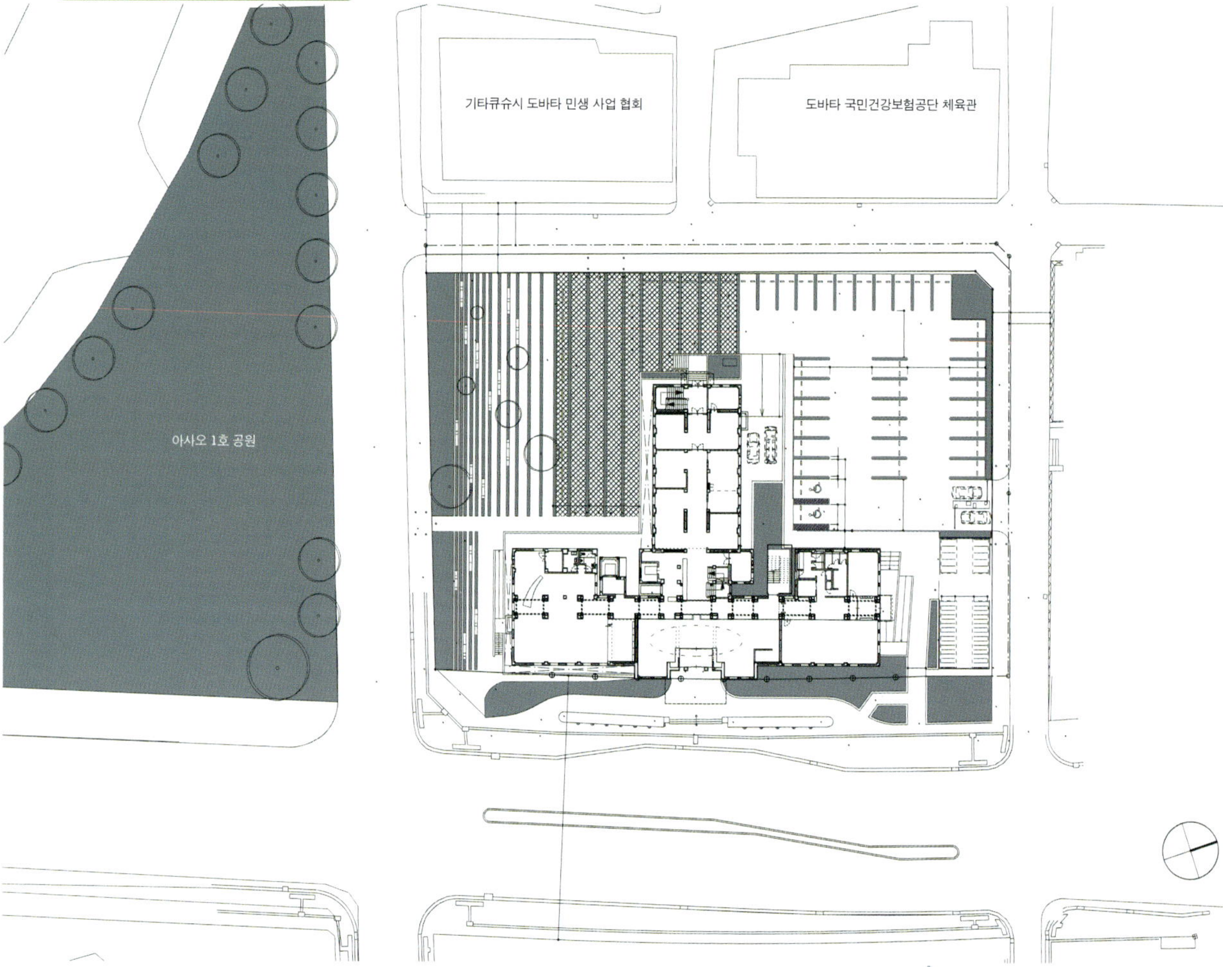

▲ 배치도(after) 축척 1/1000

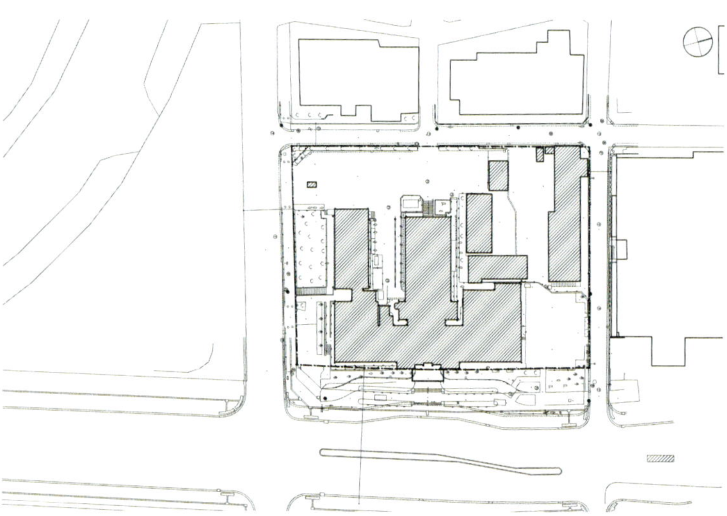

▲ 배치도(before) 축척 1/2000

▲ 동측 외관.
▼ 남측 외관. 남측 도로를 끼고 아사오浅生 1호 공원을 바라본 전경

Basement 1F

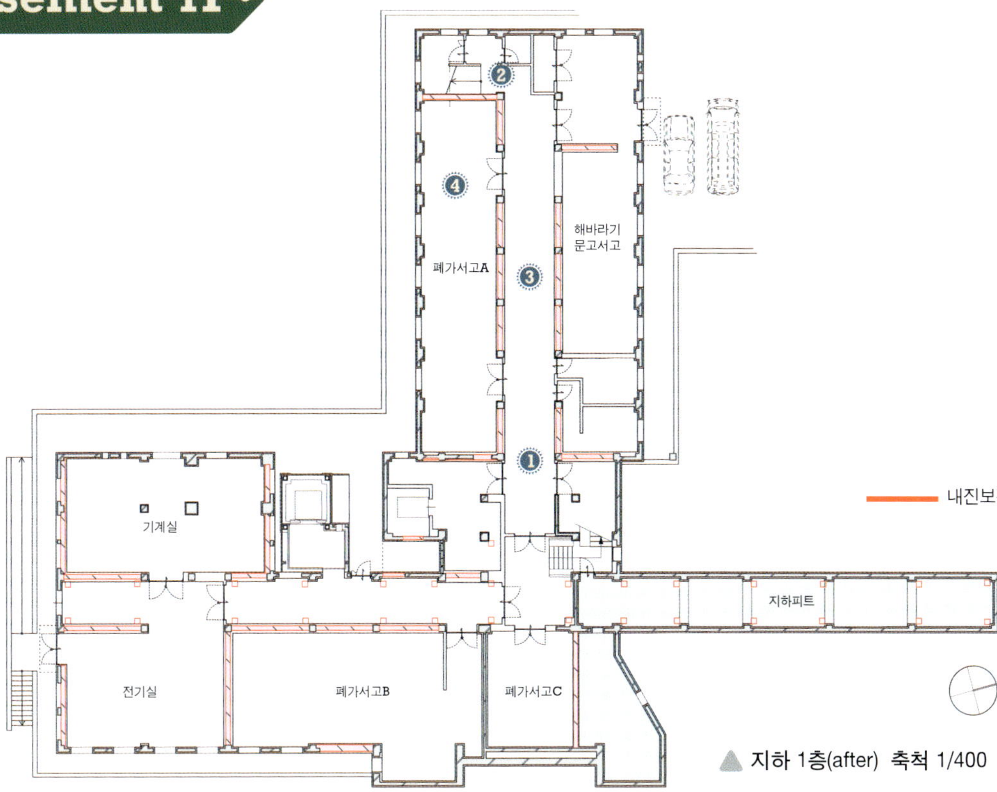

▲ 지하 1층(after) 축척 1/400

Refining Point

❶ RC 내진벽 내진보강
❷ 신규 계단을 설치하고 스텝용 동선을 확보.
❸ 대형 설비, 서적, 비품의 반입을 고려하여, 지하층에는 1,600mm의 양쪽으로 열 수 있는 개구부와 통로폭을 확보
❹ 서고는 항습공조설비를 설치하여 서고도서를 관리

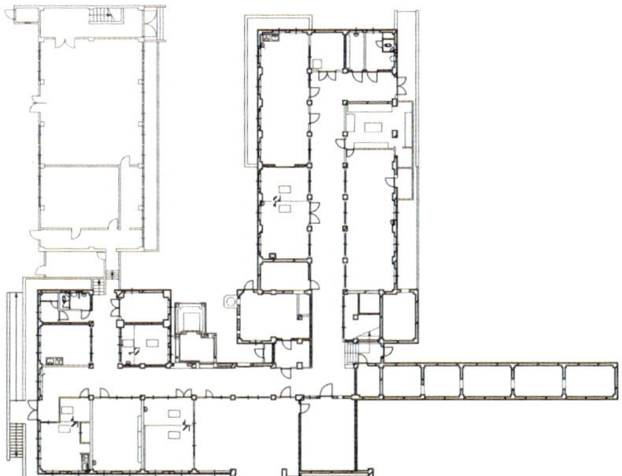

▲ 지하 1층(before) 축척 1/800

▲ 기존 지하 1층

1 Floor Plan

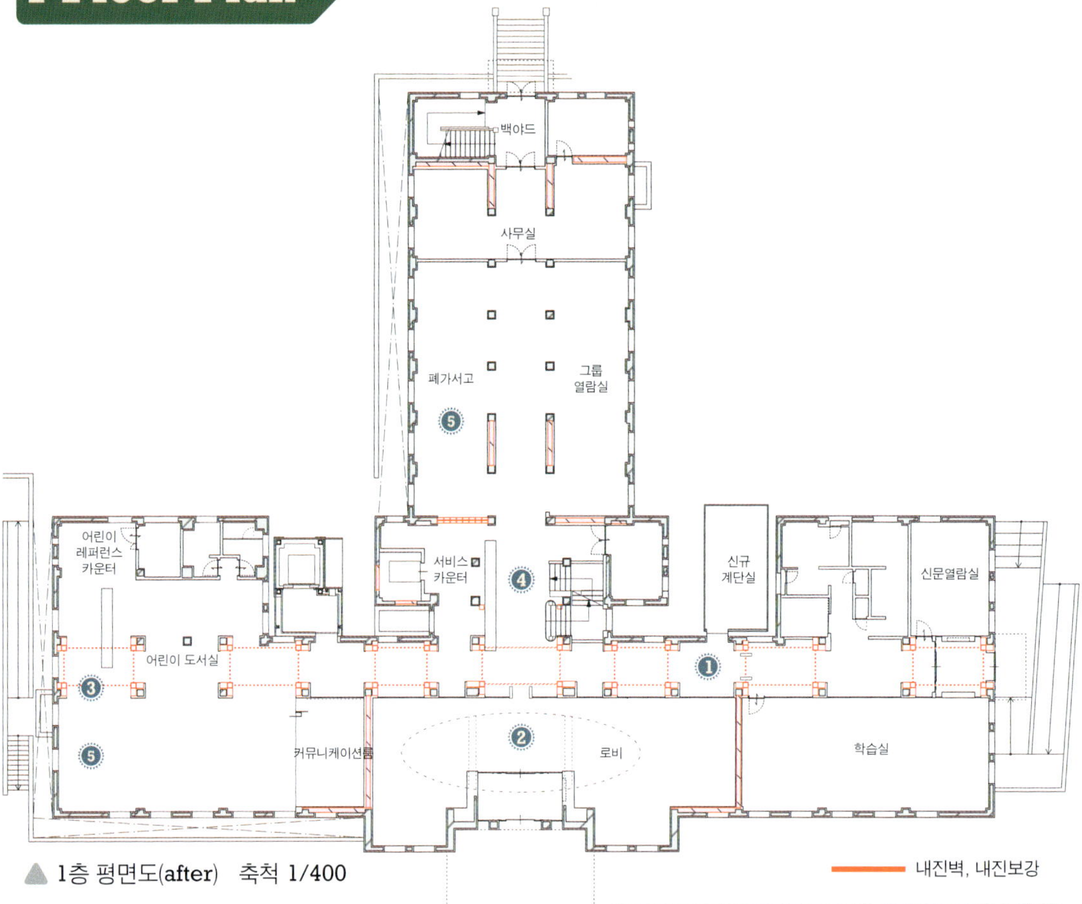

▲ 1층 평면도(after) 축척 1/400

Refining Point

❶ 엘리베이터 신설을 위해 슬래브 해체
❷ 구조체의 중량 경감을 위해 발코니를 일부 해체.
❸ 발코니에 루버 설치
❹ 공간 중앙에 콘크리트벽 설치(내진 보강)
❺ 기존 구조체의 기둥 4곳에 수벽袖壁 설치 (내진 보강)

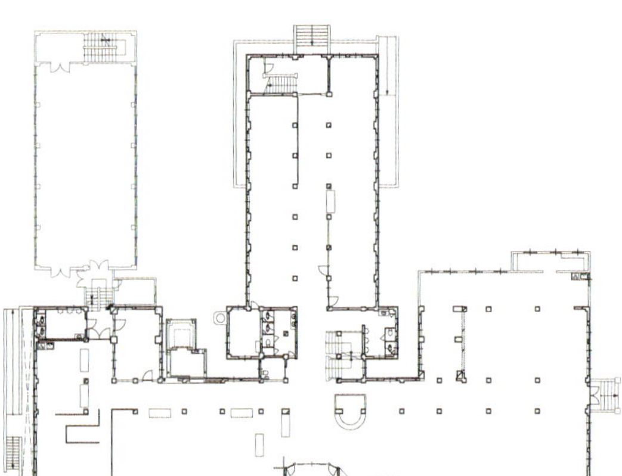

▲ 1층 평면도(before) 축척 1/800

▲ 기존 1층

2 Floor Plan

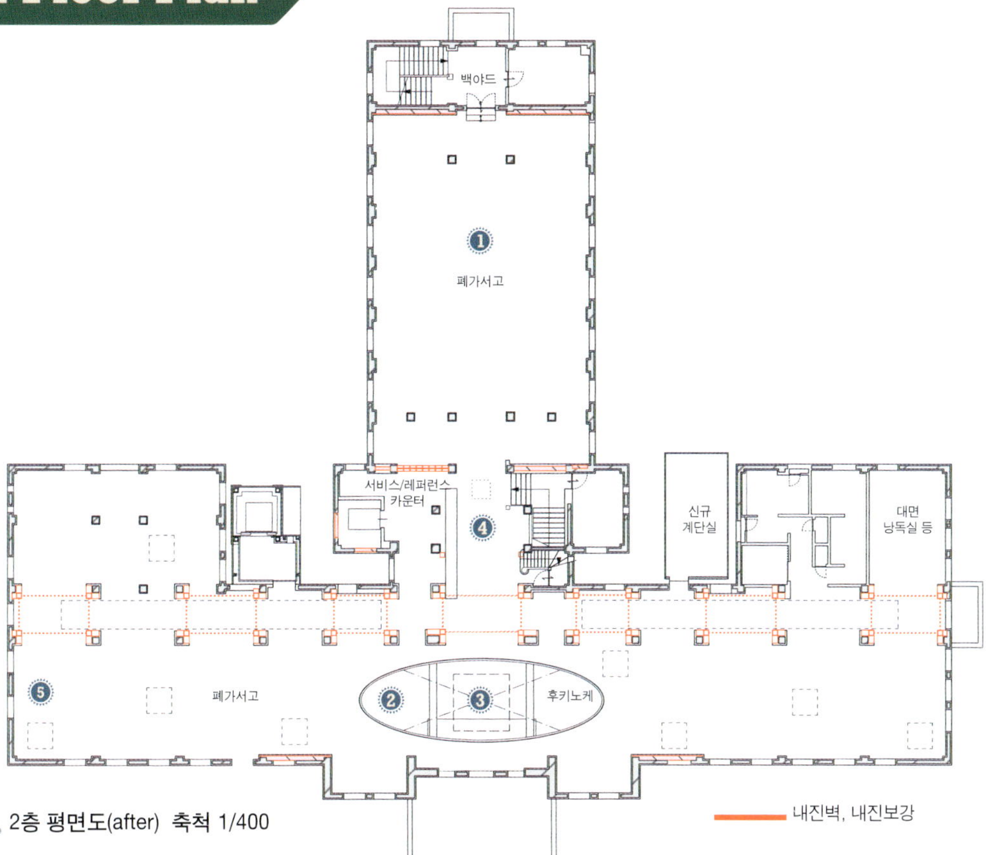

▲ 2층 평면도(after) 축척 1/400

Refining Point

❶ 의회장의 후키누케 부분의 3층 바닥을 철거하고, 원래의 모습으로 천정고를 복원

❷ 톱라이트를 설치하여 연돌효과Stack Effect 및 대류에 의한 자연환기로 실내열을 방출

❸ 톱라이트에 유입된 빛이 1층까지 들어오도록 하기 위해 2층 바닥의 일부를 철거

❹ 서비스/레퍼런스 카운터. 3방향으로 시야 확보가 가능한 위치에 설치

❺ 기존 천정고와 개구부를 활용하여 밝고 쾌적한 실내 분위기 연출에 유용하게 활용

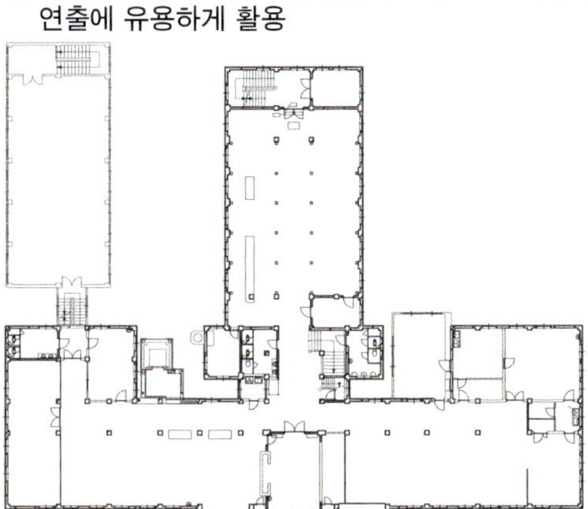

▲ 지하 1층(before) 축척 1/800

▲ 기존 지하 1층

▲ 내부 통로에 내진보강을 실시한 남북 단면 투시도. 독자적으로 개발한 철판 보강재로 디자인을 했다.

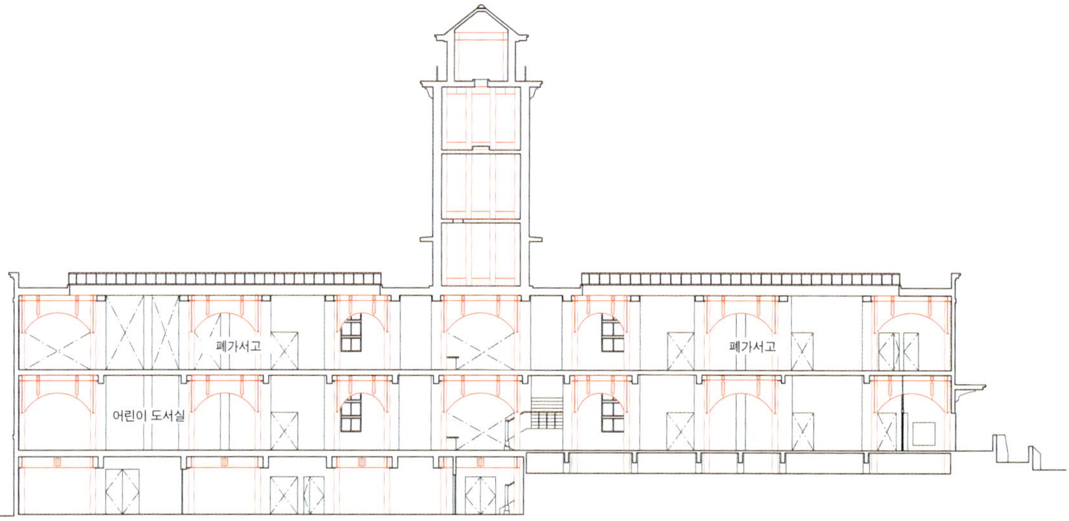

▲ 남북 단면도(after) 축척 1/400

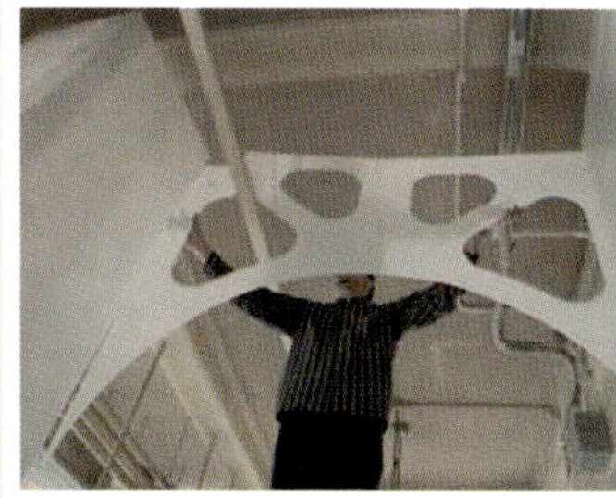

실물크기의 구조보강 모형.
현장에 설치하여 사전 검토를
실시했다.

동서 단면도(after) 축척 1/400

Diagram

0 현상

기존 건물은 지어진 지 79년이 경과한
구 내진기준건물

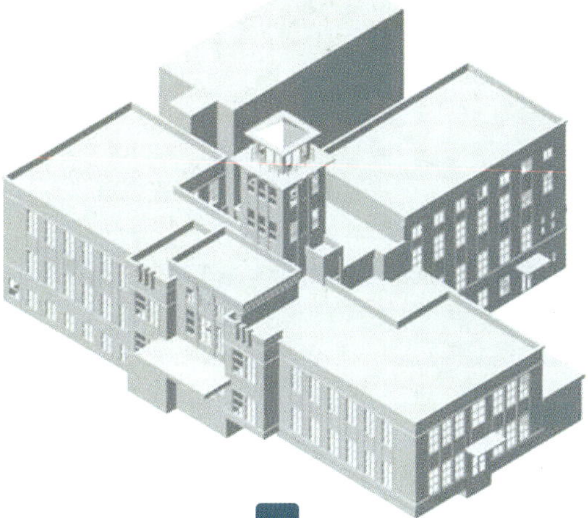

1 감축에 의해 당초 건물로 복원

불필요한 증축 부분을 철거하여 건물의 경량화를
모색하고 내진성능 보강을 실시했다.

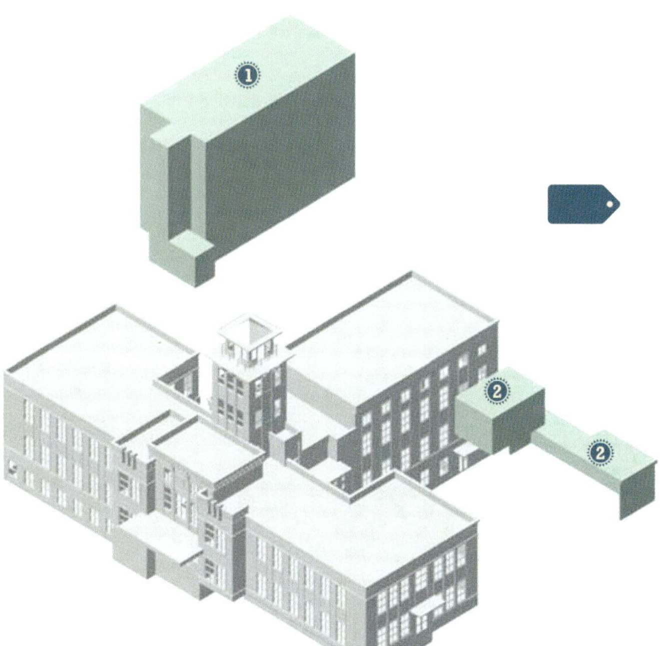

①부속동 해체
②증축부 해체

2 해체로 경량화/구조체 보수/중성화대책

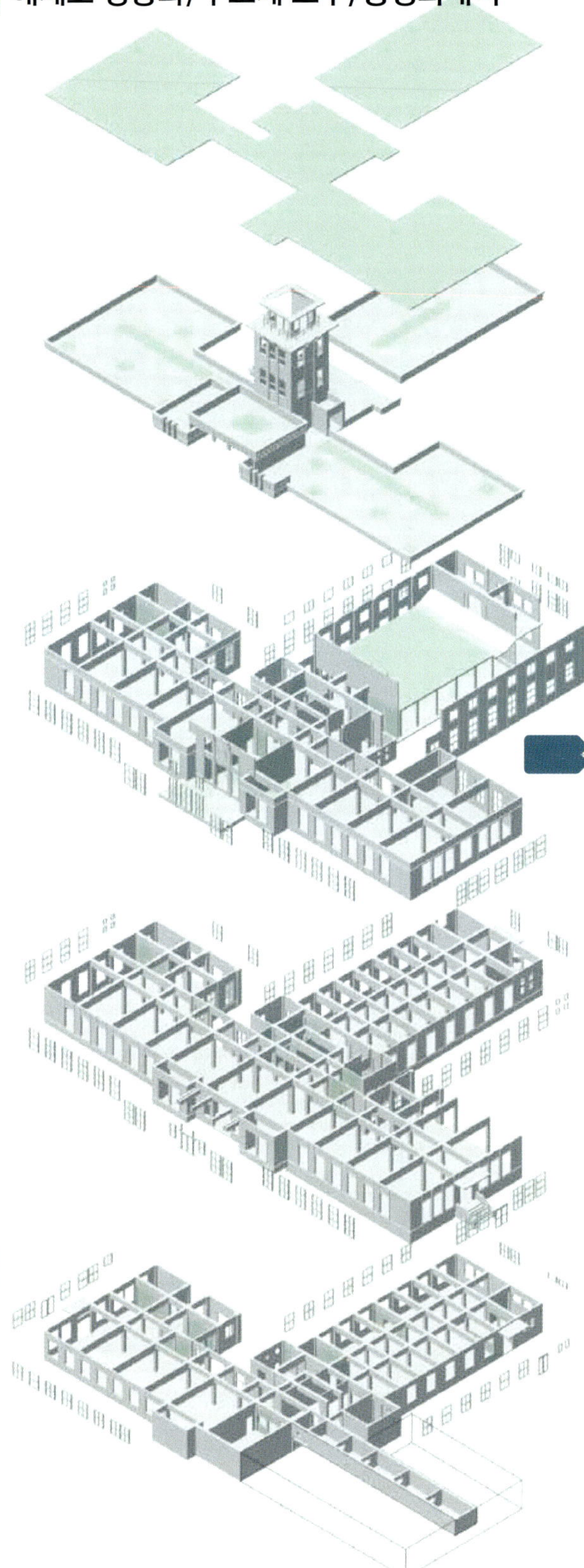

3 내진보강

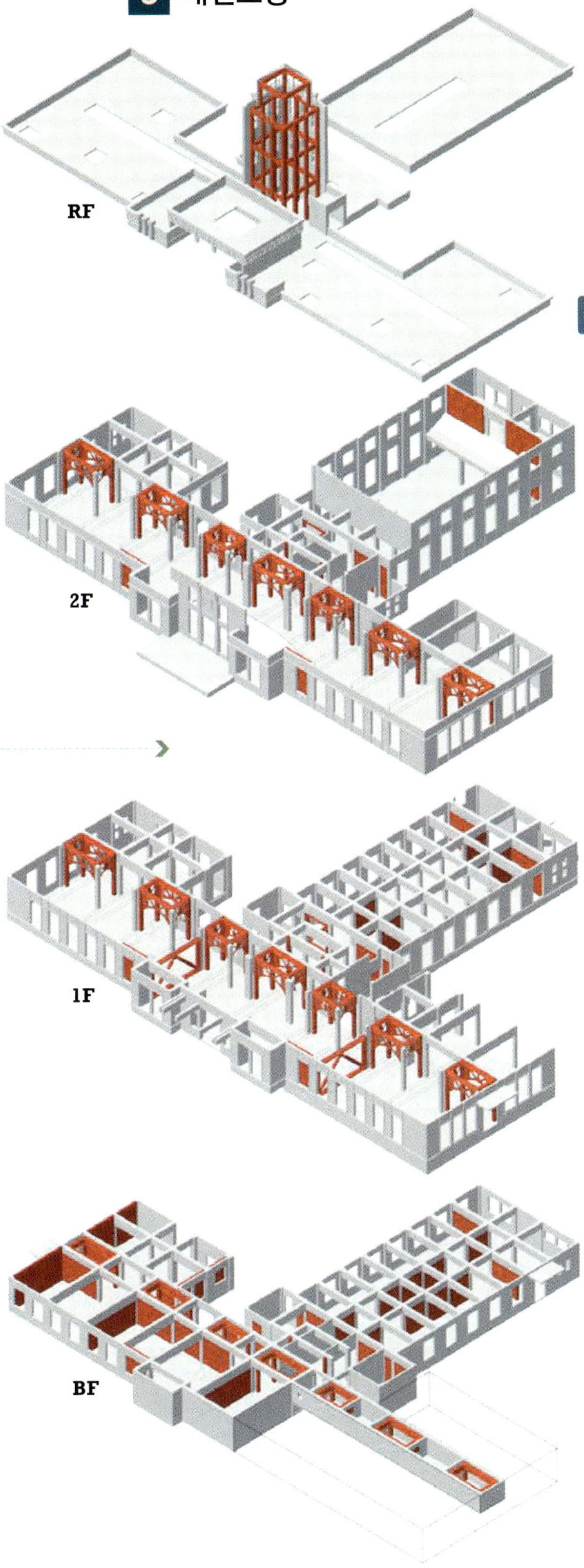

4 실내환경의 향상

톱라이트를 설치하여 보다 밝고 개방감있는
실내환경을 연출

5 리파이닝 완료

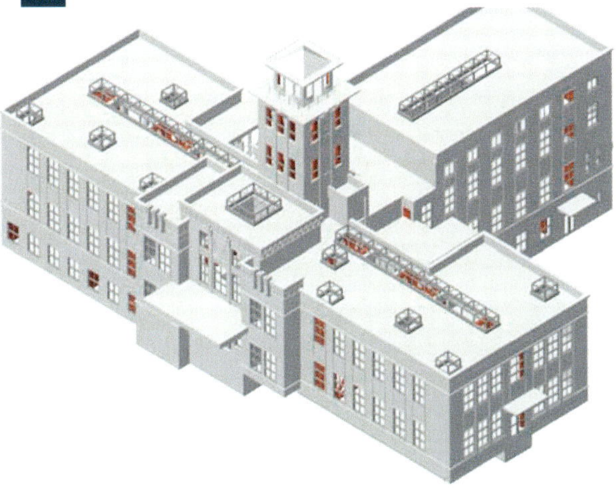

옛 토바타구 청사 리파이닝[계획안]

현대건축사조에서 문제 해결 방식적 디자인 아이디어를 도출

이 건물의 구조보강 컨셉은 이토토요Ito Toyo가 설계한 「센다이 미디어테크Sendai Mediatheque」를 방문했을 때 영감을 받은 창의와 혁신이 설계의 힌트가 되었다. 간단하게 말하면 센다이 미디어테크는 격자형태로 이루어진 강철관 튜브가 구조체를 형성하여 모든 건물 하중을 지지하는 구조로 되어 있다. 즉, 외벽은 단순히 건물을 보호하는 외피의 기능만 수행할뿐 하중을 지지하지 않는 비내력 구조체이다. 이 설계 개념을 리파이닝 건축에 적용하여 역사적인 건조물을 재생할 때 외관에 거의 손을 대지 않고, 어떻게 보강할 것인가를 생각해 보았다.

기존 건물의 기초부터 2층까지의 기둥 배치에 따라 철골로 보강을 실시하여 내진 보강을 하려고 했지만, 이 건물이 준공된 쇼와昭和 초기와 유럽에서 일세를 풍미한 아르데코Art Déco, 아르누보Art Nouveau의 곡선과 곡면의 집적에 의한 유동적인 미를 융합하여 견고한 구축성과 합리성을 지닌 형식적인고 탐미적인 장식으로 보강을 실시했다. 이 건물이 세워져 있는 도바타 주변은 현재의 Nippon Steel Sumitomo Metal新日鉄, Yawata Iron & Steel Co., Ltd.八幡製鉄에 둥지를 두고 있는 곳이기도 하다. 다시 말해 이 기업들을 중심으로 형성된 도시로, 행정도시와 상업도시의 역할을 수행하는 이 건물은 이 지역에 대한 자긍심을 표현하고 있다.

지금껏 그래 왔던 것처럼 여러 가지 내진구법을 검토하여 어떤 아이디어가 이 프로젝트에 디자인적인 측면 및 비용적인 측면과 동시에 구법을 포함한 적합한 시공 방법이 어떤 것인지 등을 분석하고 최적화 방안을 모색하면서 건조물을 완성해 나갔다. 다행히도 기존 건물의 층고가 높았고 풍부한 공간을 연출하기에 충부한 소재로 구축되어 있었기 때문에 외부는 고풍스럽고 내부는 밝고 깔끔한 현대적인 도서관으로 재생이 가능했다.

건조물의 내부에 들어가면 스틸 구조보강재가 만들어내는 아름답고 우아한 곡선과 톱라이트에서 떨어지는 빛에 의해 미래를 향해 빛나는 공간이 영원히 존속되는 공간, 즉 혼과 정신이 담긴 건축, 옛 「도바타구戸畑区 청사」라고 하는 역사적 건조물에 거리의 긍지와 자긍심을 새기는 컨셉으로 오랫동안 시민의 긍지가 되는 건축물을 만들고자 했다. 이 구조보강구법은 Kanebako Structural Engineers金箱構造設計事務所와의 협업을 통해 탄생하였으며, 매우 흥미진진한 사고와 다양한 의론議論이 전개되었다.

Refining of former Tobata Ward Office (Project)

Hints of refining in the latest architectural trends

The concept of this building structure is based on an image that, I conceived when I saw Sendai Mediatheque designed by Toyo Ito. In simple terms, Sendai Mediatheque has a tube network that structurally supports everything. Namely the external walls are just the skin of the building and do not support the structure. I asked myself how I could use this for the refining architecture to renew and reinforce a historical building without changing the majority of the exterior. But, it was found impossible after the detailed research of soil, foundation, and compressive strength of existing skeleton. Then, we adopt steel reinforcement along the existing columns, the design of which reminiscence Art Deco or Art Nouveau, matching with the existing building design of the early Showa era.
Tobata area, where this building is located, is the hometown of Nippon Steel, former Yawata Steel. In other words, it is a company town and the building represents the steel-making history of the area. As usual I seriously examined various methods until executing the design, and determined which would be the best for the project in terms of the design, cost, and work method including the installation method. I want to make a building where people could encounter a bright space when they enter the building. In the space people would see the steel reinforcement and light coming down from the top and would feel as if the brightness stretches off into the far distance and as if the space has a spirit inside. I am aiming to develop a building of which the citizens can be proud for a long time by representing the town's pride for its historical building of the former Tobata Ward Office. The reinforcement design was made in collaboration with Prof. Yoshiharu Kanebako, with exciting exchange of thinking and discussion.

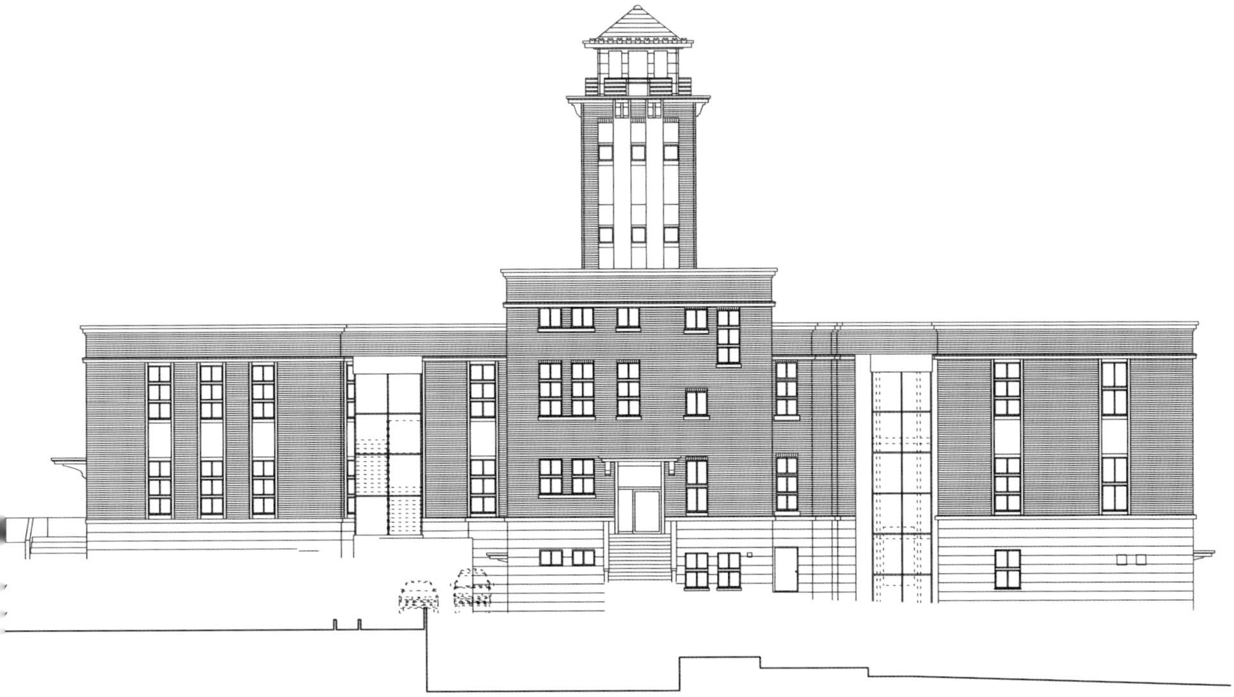

No.6
Refining of Sankiro [Project]

옛 산키로三宜楼 [계획안]

역사와 문화, 전통과 현대, 시대·사람·환경의 융합

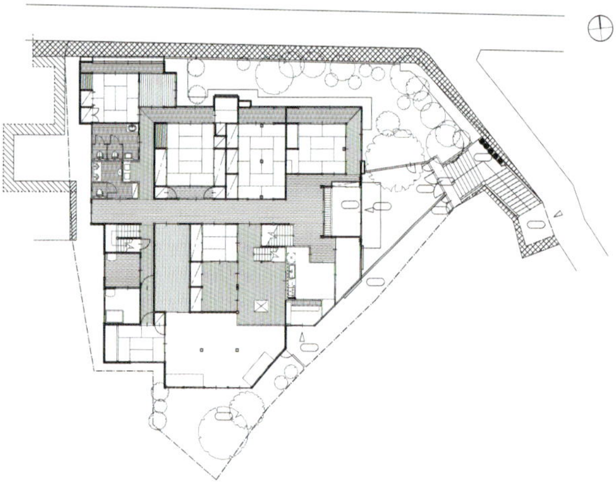

지어진 지 80년이 경과한 목조 3층 건조물. 옛날 산키로 주변에는 이미지와 같은 일본 전통 건축 음식점이 밀집해 있었지만, 맨션 등의 재건축 사업으로 하나, 둘 사라져가고 있는 실정이다.

배치도(before) 축척1/600

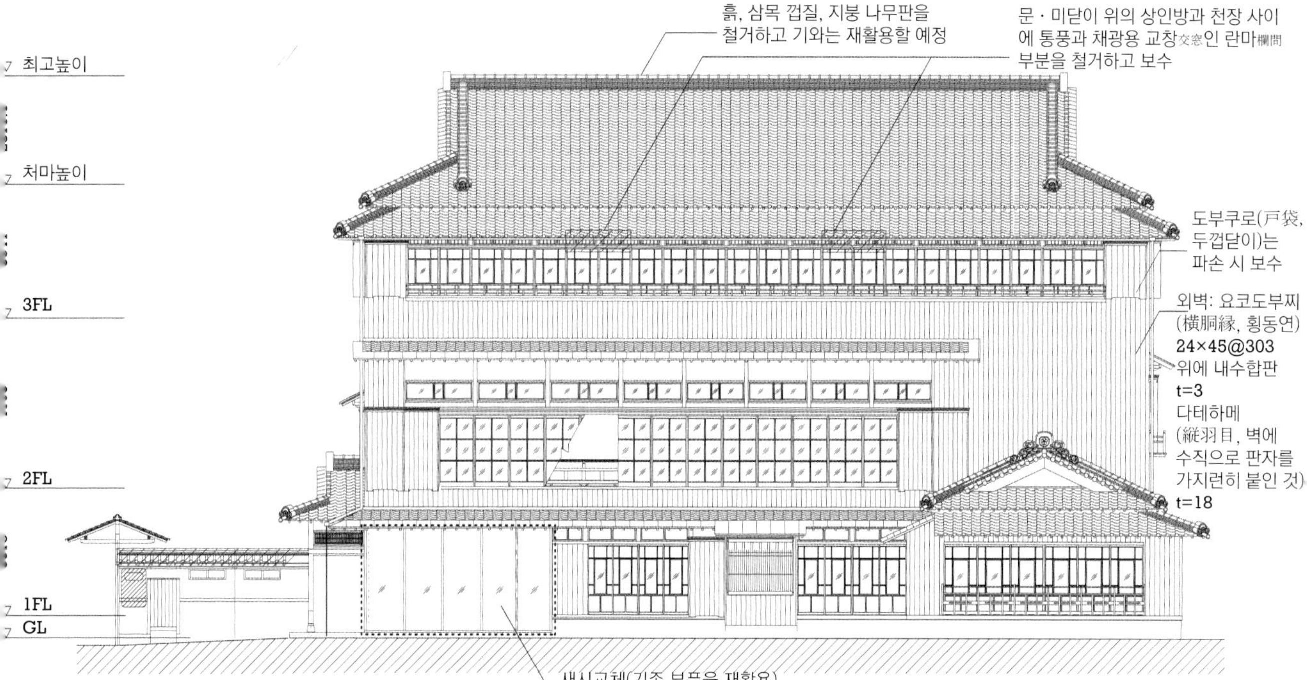

▲ 북측 입면도(after) 축척 1/200

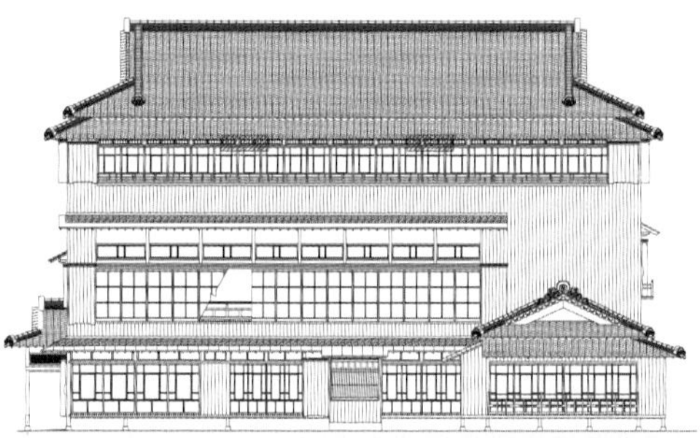

▲ 북측 입면도(before) 축척 1/400

▲ 동측 입면도(before)

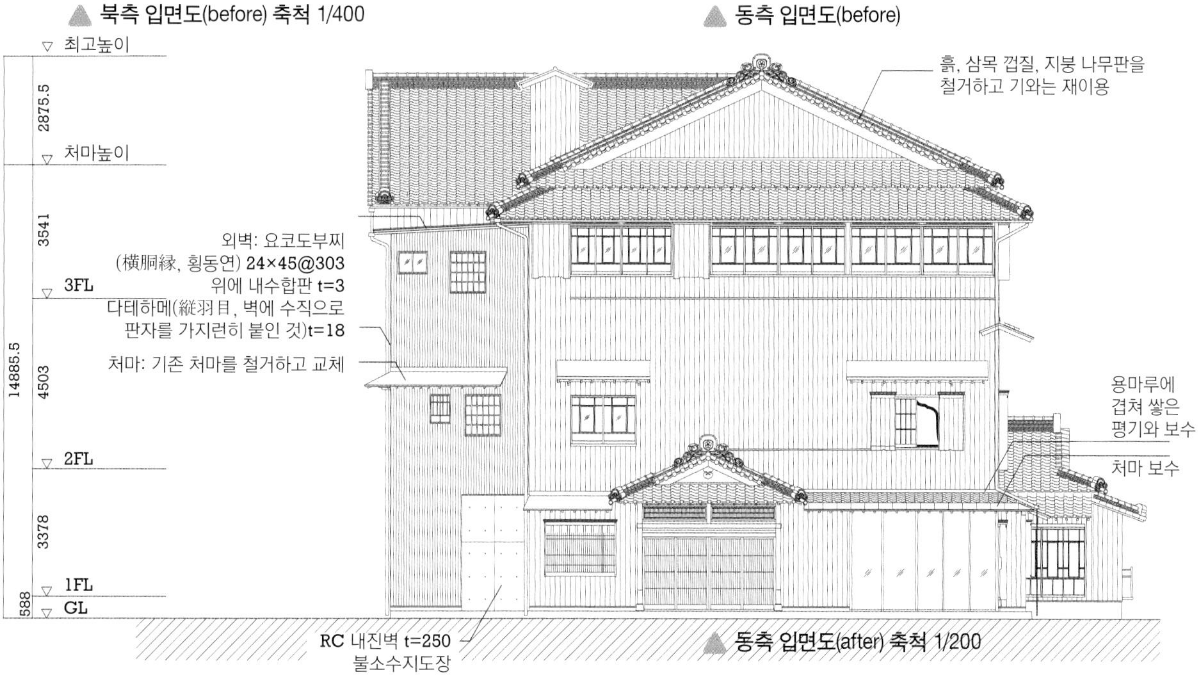

▲ 동측 입면도(after) 축척 1/200

남측 입면도(after) 축척 1/200

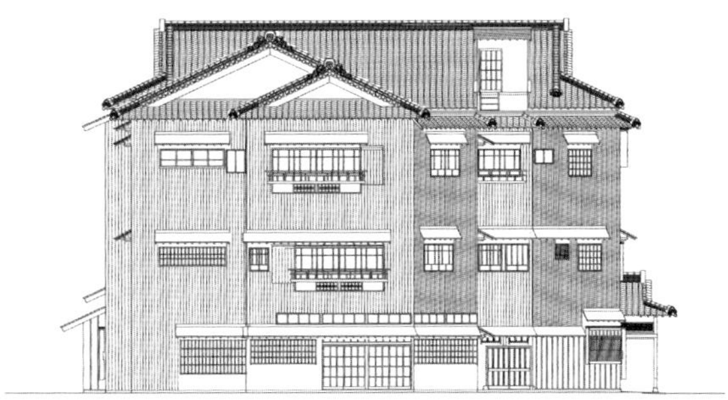

남측 입면도(before) 축척 1/400

서측 입면도(before)

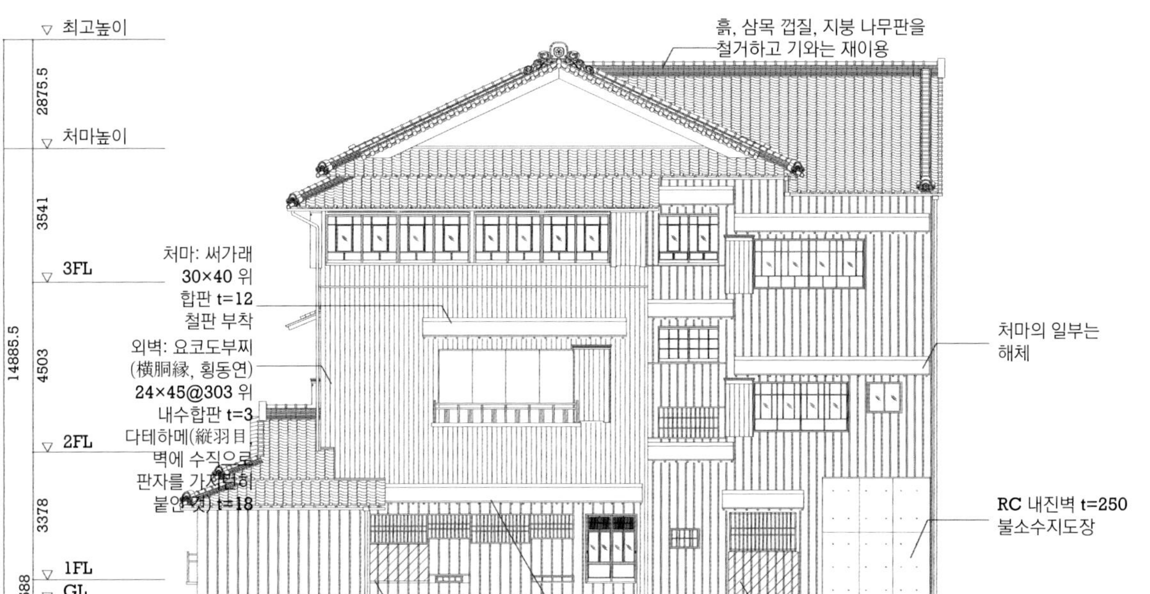

남측 입면도(after) 축척 1/200

▲ 도로에서 바라본 북측면과 동측면 외관 투시도

◀ 북동측 1층 다다미방

1 Floor Plan

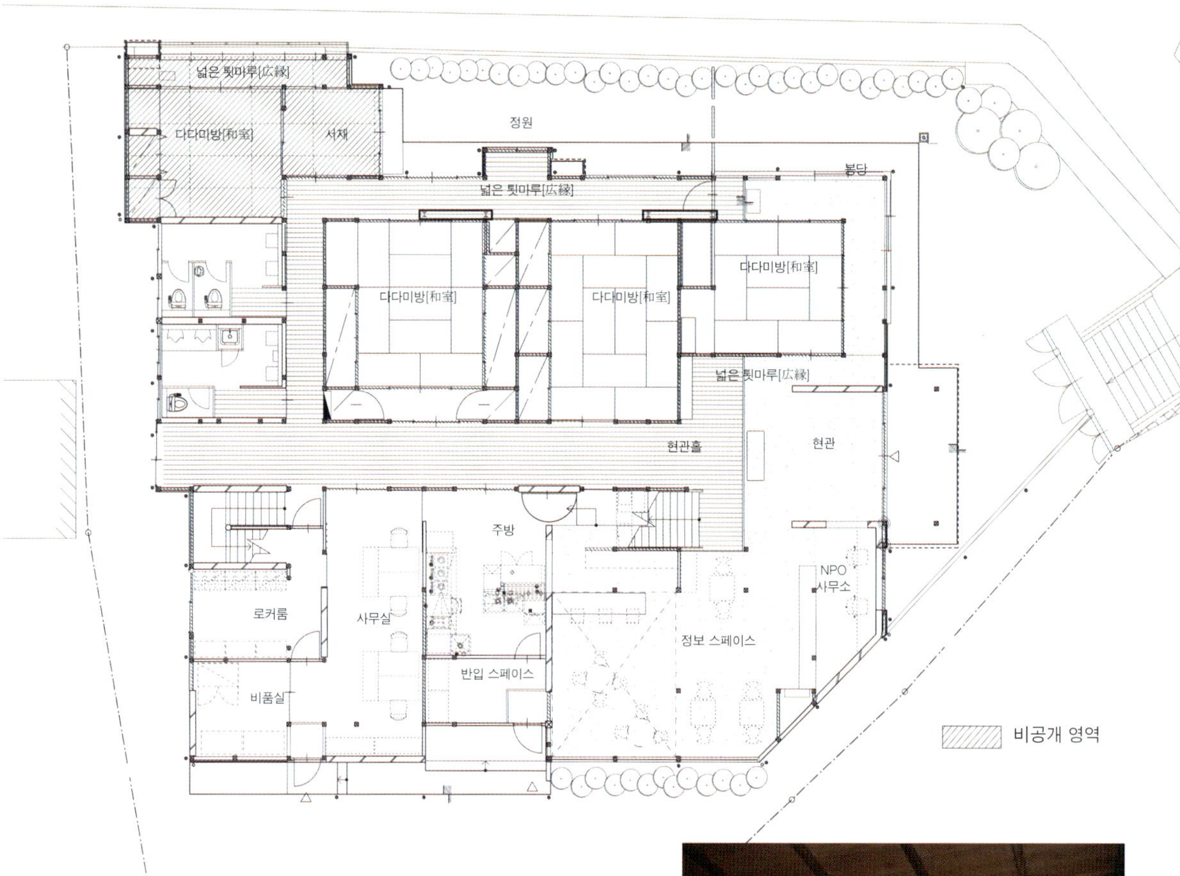

▲ 1층 평면도(after) 축척 1/200

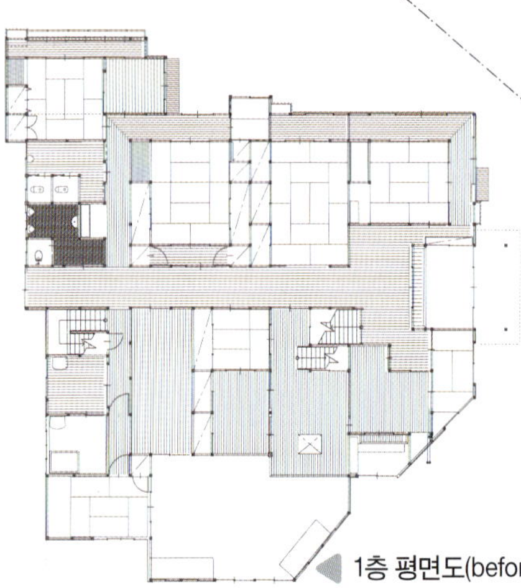

◀ 1층 평면도(before) 축척 1/400

▲ 1층 복도(before)

2 Floor Plan

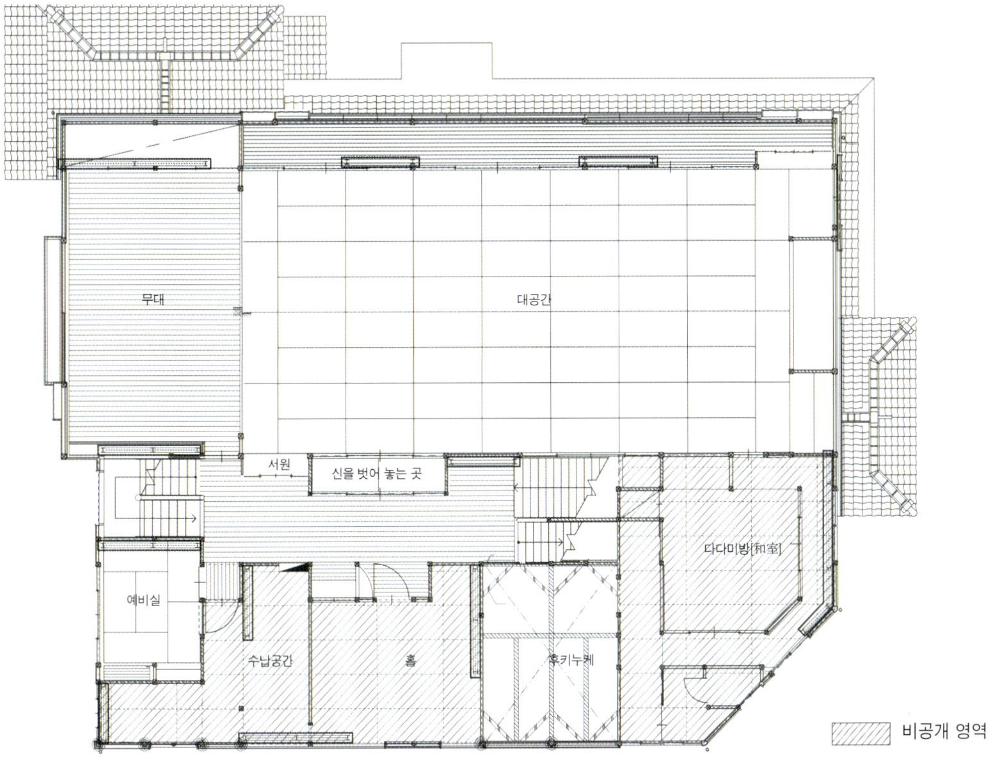

2층 평면도(after) 축척 1/200

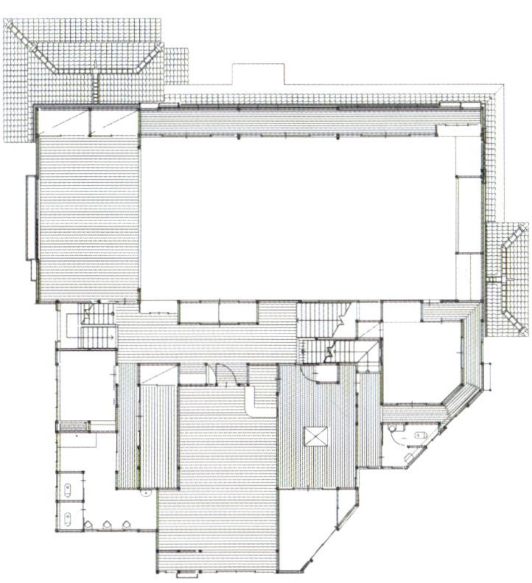

2층 평면도(before)

노能 무대로 사용했던 2층 대공간(before). 「하쿠다다미마百畳間」라고 불렸다.

3층 복도(before)

3 Floor Plan

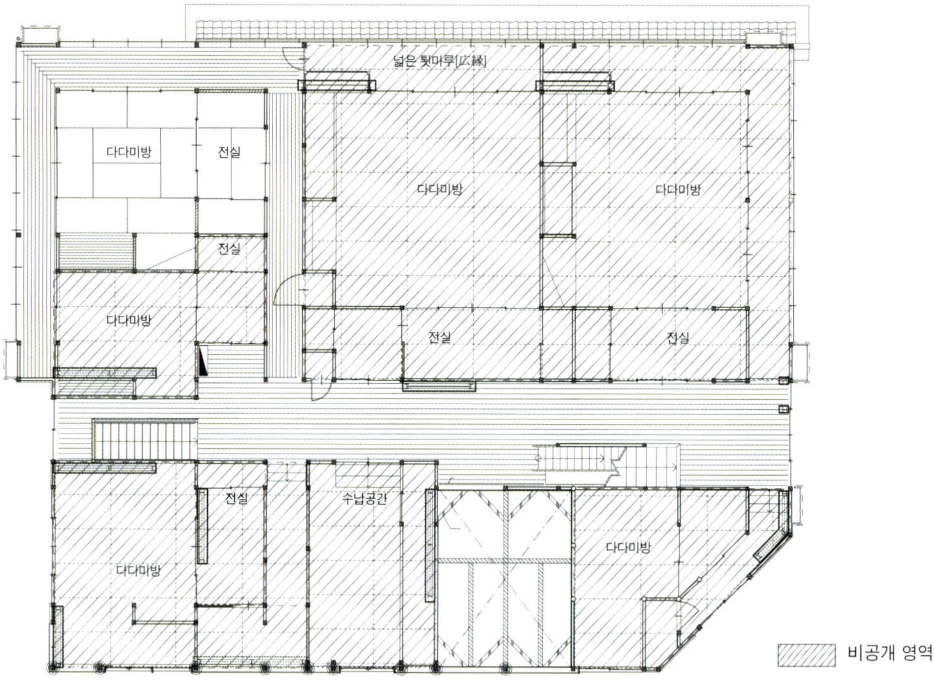

▲ 3층 평면도(after) 축척 1/200

Refining Point

- 전통건조물 재생으로 지역주민과 관광객이 손쉽게 이용할 수 있는 장소로 공간을 재생한다.
- 현県의 고유문화자산인 대규모 목조건조물은 그 당시의 역사를 체험할 수 있고 목조건축 기술을 배우는 장소로 공간을 재생한다.

▲ 3층 다다미방(before)

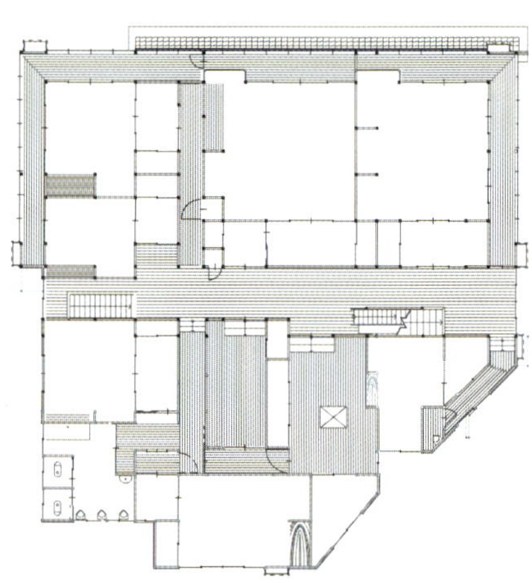

▲ 3층 평면도(before) 축척 1/400

Section

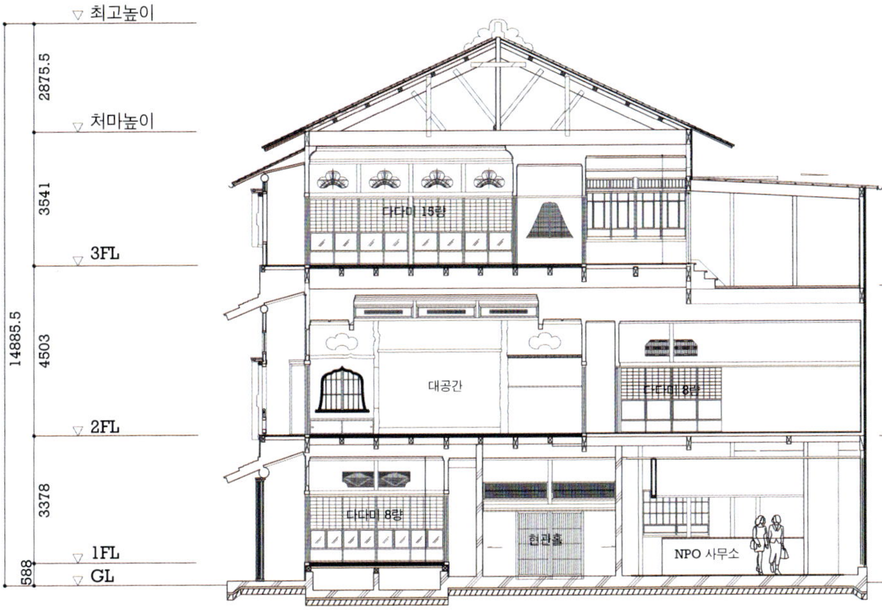

▲ 단면도(after) 축척 1/200

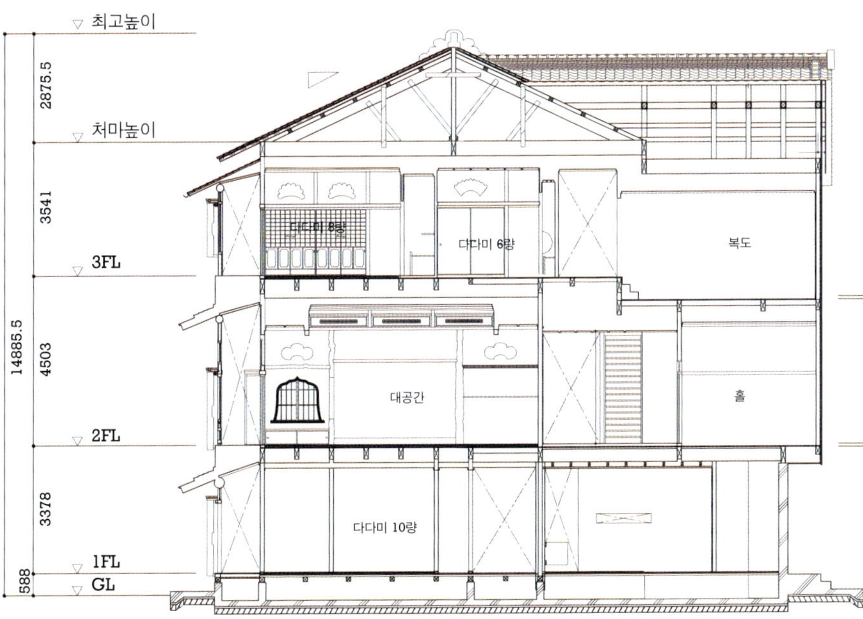

▲ 단면도(after) 축척 1/200

▲ 기존 건조물에는 고급 음식점처럼 다양한 의장이 응축되어있다.

▲ 북동측 다다미방和室 외관 디자인

▼ 현관 홀과 좌측 정보 공유 스페이스

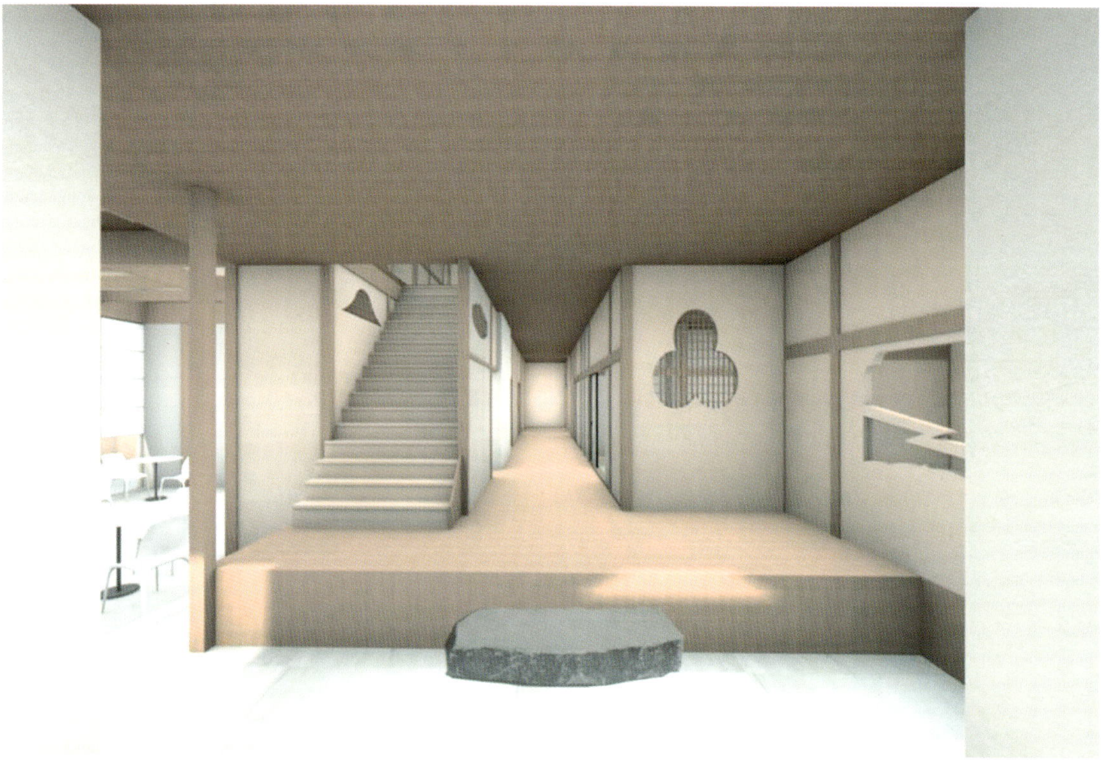

▲ 1층 현관 옆 정보공유 스페이스

Jeck Up Flow

1 기존 건물은 주초석 위에 구조체가 올려져 있는 호박돌cobble stone, 玉石 주초석. 장소에 따라서는 기둥의 하부에 썩어 없어져 버렸거나, 토대에서 벗이나 있는 기둥도 있었다.

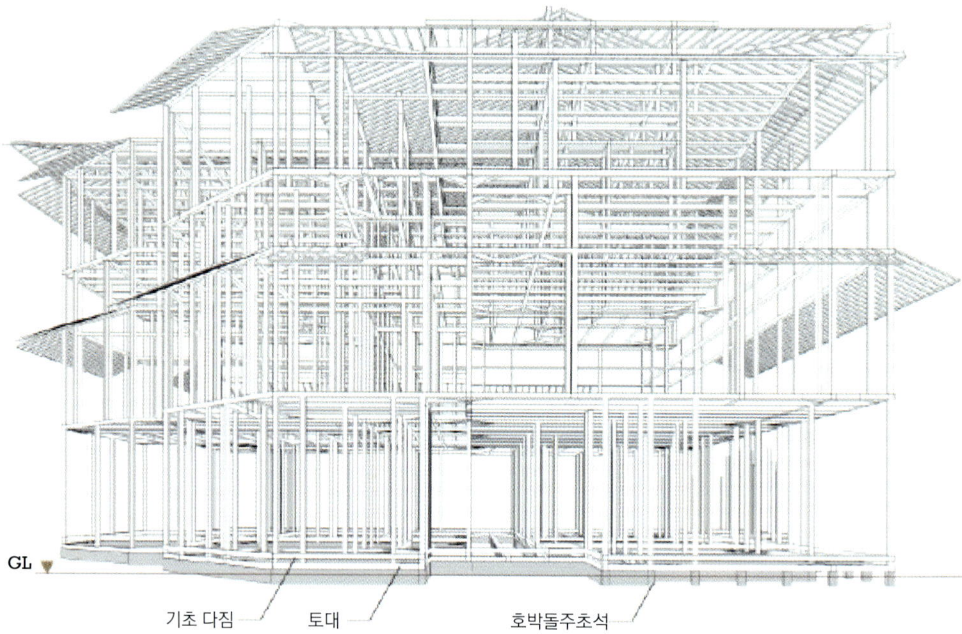

2 기중기로 들어올리기 위해서 내외장의 마감재, 바닥의 일부를 해체하고 경량 철골로 목조 프레임을 고정한다.

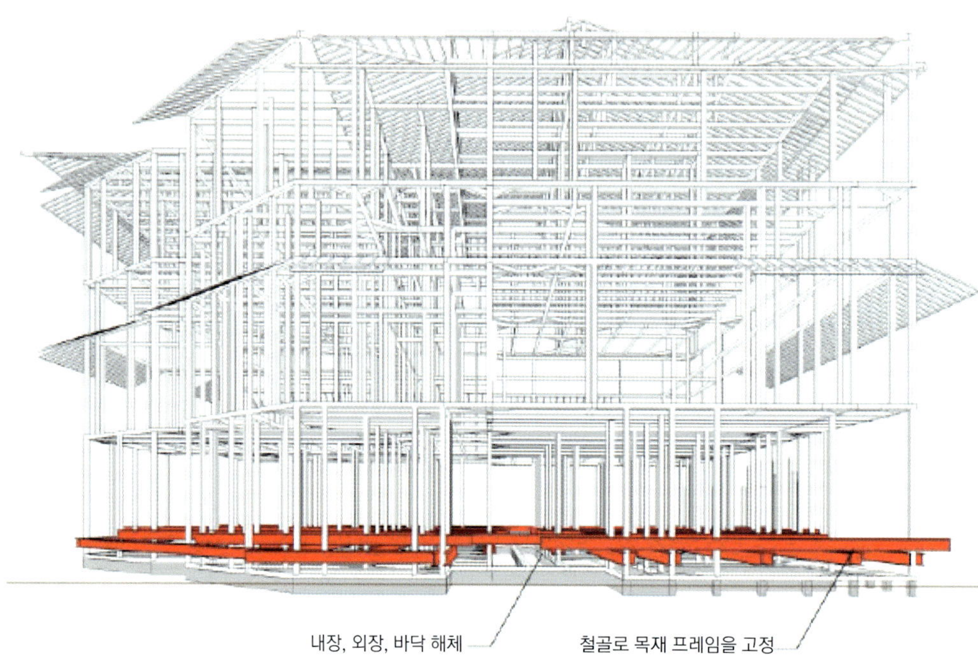

Refining Point

- 조사 결과, 기존 건물은 수평력에 저항하는 부재가 적은 것으로 나타났다. 또한, 각각의 구조부재가 손상을 입고 부재의 변형, 부재의 균열과 눌려 들어가서 뒤틀림이 발생했다.
- 기존 건물을 기중기로 들어올리고 축조의 뒤틀림을 고정하고, 새로운기초와 내진벽을 타설하고 보강을 실시했다.

3 기초·내진벽을 신설하기 위해서 기중기로 건물을 들어올렸다. 1,000mm 정도 들어올린 후 가설 지지를 위해 토대를 설치한다.

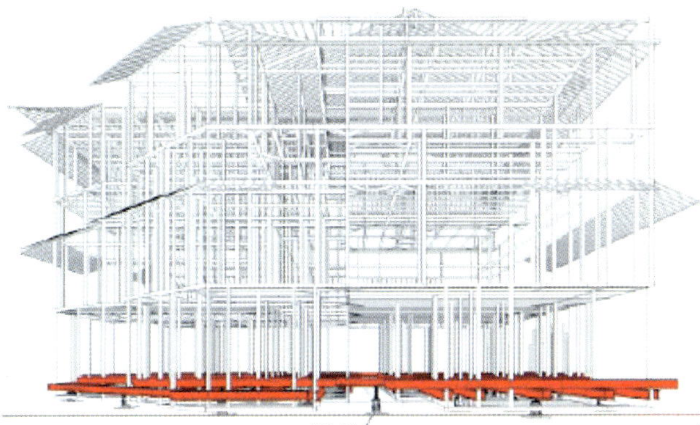

책으로 건물을 들어올린다. 한번에 건물 전체를 들어올리지 않고 부분적으로 조금씩 들어올렸다.

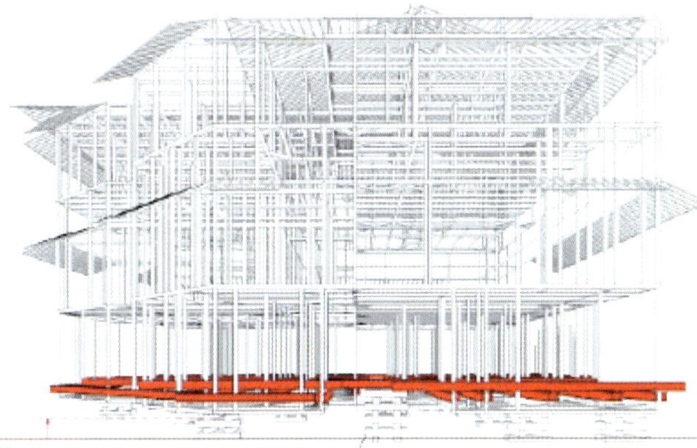

기초를 신설하기 위해서 1,000mm 정도 건물을 들어올렸다.

4 기초·내진벽을 타설하고 건물을 내렸다.
그 후 기존목조부분과 RC철골 부분을 긴결한다.

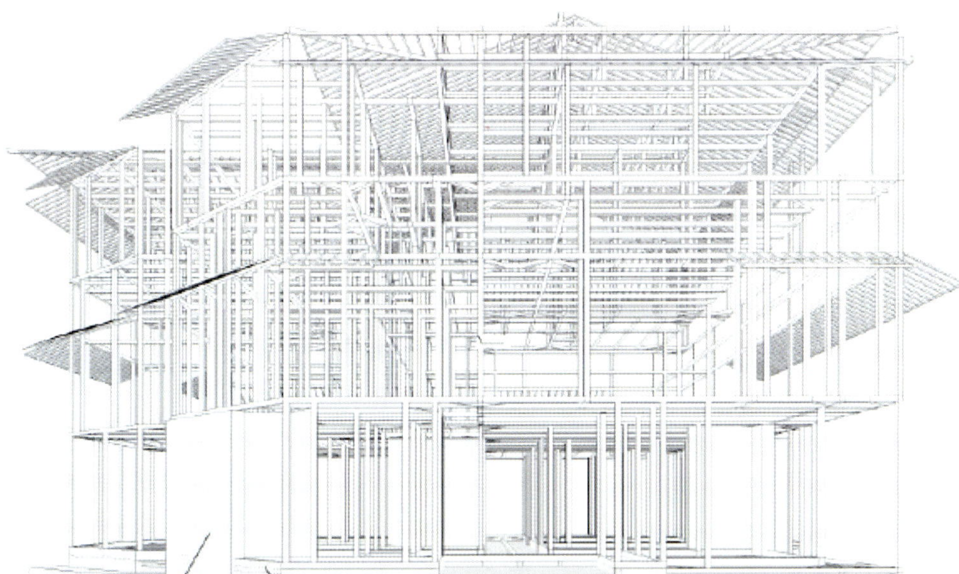

옛 산키로三宜楼 리파이닝

역사와 문화, 전통과 현대, 시대·사람·환경의 융합

산기루는 모지쿠門司区에 위치한 고급 음식점料亭으로 사용되어졌었다. 이 역사적인 건조물이 폐허가 되어 가는 상황을 눈여겨본 시민들이 자발적으로 모금활동을 펼쳐 구입한 건조물을 시에 기부하여 시소유의 건조물이 되었다. 시문화재로 지정하자는 움직임도 있었지만, 일반적인 목조건축 양식의 건조물이고 재료도 당시에 일반적으로 사용된 목재로 만들어져서 시문화재로 지정하기에는 역부족이였다. 그러나 이 건물을 계승하자는 시민의 열정을 어떤 식으로든 반영시키고자 내진보강을 포함한 재생건축을 위해 나에게 재생건축 의뢰가 들어왔다.

나는 재생방법으로 다음에 언급하는 3가지를 중점적으로 생각했다. 첫 번째는 기존의 형태를 최대한 보존하는 안. 두 번째는 도로에 면한 한쪽면에 커튼월을 설치하여 외부에서 내부가 보이도록 함으로써 과거와 현재를 연결하는 건조물을 만드는 안으로 기존 건조물을 구성하고 있는 요소가 시계열적인 증언자이기 때문에 이것을 새롭게 표현하는 것은 불가능하다고 생각했다. 세번째는 이 건조물을 유리상자로 덮고, 유리상자를 구축하기 위해 내부에 설치한 철골을 내진보강재로 활용한다. 세 번째의 경우 필수적으로 증축시켜야하는 부분은 행정기관에 확인신청을 받아야 하고 건조물은 신축으로 취급되어 다양한 용도로 자유롭게 활용이 가능하다. 또한, 당시의 목조건축기술이 시각화되기 때문에 역사적 건축물의 학습자료로도 활용이 가능하다고 생각한다.

이상의 3가지 계획안 중에 어느 안으로 할 것인지 현시점에서는 아직 결정되지 않았으나 이 건물이 시민의 손에 의해 보존되어져 온 과정을 생각해보면 단순히 보존하는것 뿐만 아니라 미래지향적인 새로운 방향성을 제시하는 건조물로 만들고 싶다고 생각한다. 내외부에서 건조물의 양상을 파악할 수 있고, 이 건조물의 우수한 구성요소를 최대한 활용하여 보강을 하는 것이 이 건조물의 존재의 이유가 된다고 생각한다.

구조적으로 1층 부분은 비바람에 의한 부식이 상당히 심각한 상태였다. 그래서 건조물 전체를 들어올려 콘크리드 내진벽을 부분적으로 삽입하고 지진과 태풍에 의해 발생하는 단기하중에 견딜 수 있도록 하고 목재의 약점인 부식을 방지할 수 있는 구조로 만들고자 하였다.

▲ 1층 정보공유 스페이스

Refining of Sankiro (Project)

A fusion of traditional and modern technologies

Sankiro had been used as high-class Japanese restaurant in Moji Ward but it was abandoned. Then the citizens began a campaign to collect money, purchase the building, and donate it to the city. So it is owned by the city now. First it was going to be registered as a cultural asset of the city. But since it was built with ordinary wood technology and the materials used for the building were not special, it was judged that the building did not meet the criteria for registration. However, to respond to the desire of the citizens who wanted to preserve the building, a renewal plan, including antiseismic reinforcement, was examined. I was then asked to use my refining technology for the renewal.
I made three renewal plans. The first is to maintain the existing form. The second is to cover the wall facing the street with glass so that the inside of the building could be seen from outside. I thought that this would connect the present and the past. I considered the materials that formed the existing building as a witness of the past and wanted to give them new expression in the building. The third is to cover the entire building with a glass box and use the steel frame that forms the box as antiseismic reinforcement. For the third plan we have to extend the building area and need a building certification application, but the building would look as if it were newly built and be used for various purposes. Also, if the original wood architectural technology is visualized this way, the building could contribute to the study of architecture.
At present, we have not decided which plan to choose. But in consideration of the balance with cost and the process by which the citizens have tried to maintain the building, I do not want to just preserve it but make a new direction to the future with this building. So I think that it would be interesting if the building architecture could be viewed from inside and outside and if the distinguished parts of the building were chosen and emphasized. The first floor is particularly degraded by wind and rain. It might need to be lifted up and a reinforced concrete wall inserted under the floor to underpin the building and enable it to withstand a short-term load by e.g. earthquake or typhoon and against corrosion, weak points in the wood.

▲ 2층 대공간

No.7
Refining of condominium apartment buildings [Project A]

분양 맨션 리파이닝A[계획안]

공용부분 보강을 이주없는 노후공동주택 그린 리모델링 실현

■ **건축개요**
준공년도: 1969년
건물경과년수: 지어진 지 43년 경과 (2012년 기준)
구조: 철근콘크리트조
규모: 지상 7층 건물, 옥상에는 옥탑이 있음
세대수: 43세대

■ **서류/도면의 유무**
검사증서: 있음(건물대장)
인증확인: 있음(건물대장)

■ **법규상의 제한**
용도지역: 제1종 중고층주거전용지역
건폐율: 60%
용적률: 300%
방화지정: 준방화지역
고도지역: 제2종 고도지구
일사제한: 3시간-2시간(4m)
사선제한: 도로사선, 사선구배 1.25
인접대지사선, 경사구배 1.25
최고높이 20m
주차대수: 불명
지구계획: 없음
도시계획: 시가화 지구
도시계획정비사업: 없음
계획도로: 없음

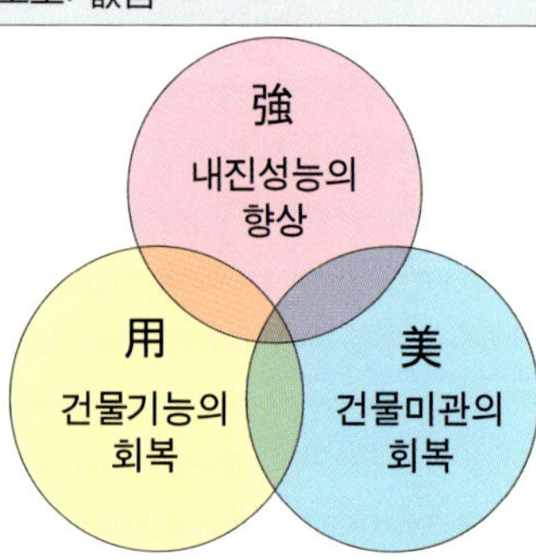

리파이닝 건축은 내진보강만을 실시하는 것이 아니라 인프라의 정비와 미관의 회복을 실시하여, 자산가치를 향상시킨다.

지어진 지 40년이 경과한 철근콘크리트조 7층 규모의 분양 맨션. 현행 내진기준을 만족시키기 위해서 대규모의 내진보강공사를 실시할 예정이지만, 대형건설업체가 실시한 내진진단과 수선비용이 적합한지 아닌지 제3자의 진단을 받고 싶다는 의뢰였다.

문제점

① 대형건설업체가 실시한 내진보강은 1차진단이간이 내진진단이었기 때문에 현행법의 내진성능 기준을 만족하지 않은 것으로 판명됐다.
→ 필요한 부분은 내진보강을 실시하고 전용부에 보강이 영향을 미칠 가능성이 있다.

② 과거의 수선이력을 검토한 결과 매년 크고 작은 수선행위가 발생한 것으로 나타났다.
→ 지금까지 필요 이상의 공사비용이 들어간 것으로 나타났다.

해결방법

① 내진진단 2차 진단을 실시하여 정확한 건물성능을 파악 후, 보강을 실시하여 현행 법규에 준하는 내진성능을 확보했다.
② 내진개수, 설비, 미관에 관한 공사를 동시에 실시함으로써 신축과 동등한 성능을 확보했다.
③ 이후 필요하다고 생각되는 개수 공사를 일괄적으로 실시하여 공사비용을 다운시키고 이후 런닝코스트를 억제한다.
문제점과 해결방법을 전달하고 구조조사와 기존 내진진단에 관해서 주민의 합의를 얻었다.

이후의 방침

① 기존건물의 내진진단을 실시
↓
② 내진보강 개보수공사에 관해서는 주민합의를 이끌어내기 위해서 주민간담회를 개최
↓
③ 총회에서 내진보강 개보수공사에 관한 주민합의 형성

Refining Point

내진기준을 충족하지 않는 분양 맨션의 리파이닝 시공을 실시할 때 이사를 하고 시공을 실시하는 것이 아니라, 공용부분의 보강을 전제로 입주자에게 최대한 불편을 끼치지 않는 방법으로 보강을 실시하여 현행내진기준에 적합하도록 하였다.

리파이닝 건축수법의 보강방침 ----- 공용부분의 보강으로 해결한다.

① 경량화를 위해서 불필요한 벽은 철거한다.
② 피난통로가 좁아지기 때문에 엘리베이터 주변의 보강은 실시하지 않는다.
③ 공용통로의 벽, 기둥, 보의 보강을 실시한다.
④ 전용부분의 보강은 실시하지 않는다.
⑤ 발코니부분의 보강은 실시하지 않는다.

장점

① 전용부와 메인외관의 보강을 실시하지 않고 마무리할 수 있다.
② 거주하면서 시공을 실현할 수 있는 가능성이 있다.
③ 거주자가 애착을 가지고 있는 메인 파사드를 변경하지 않고 마무리할 수 있다.

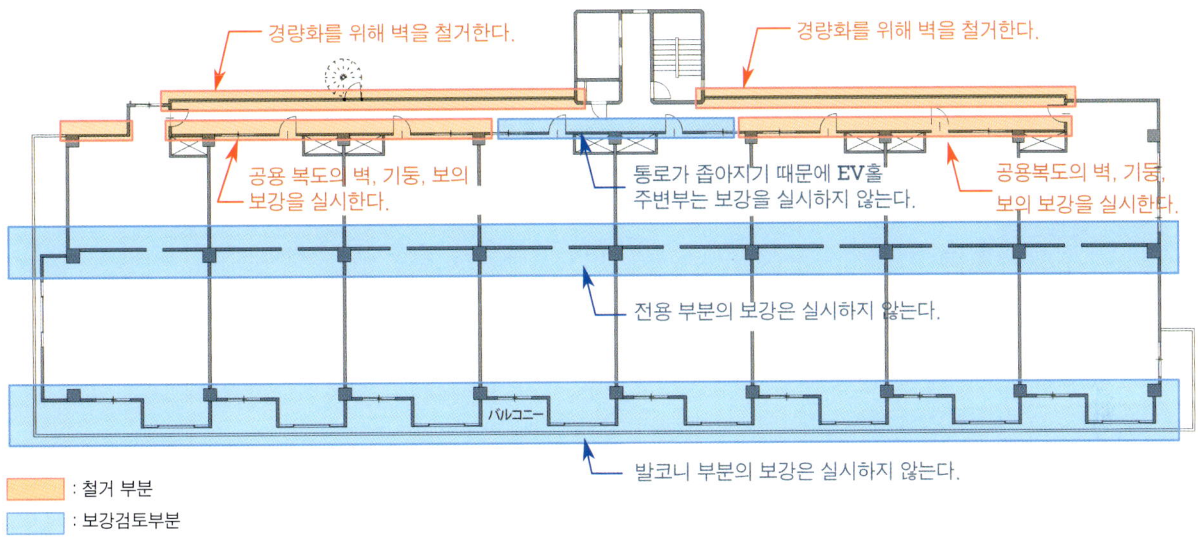

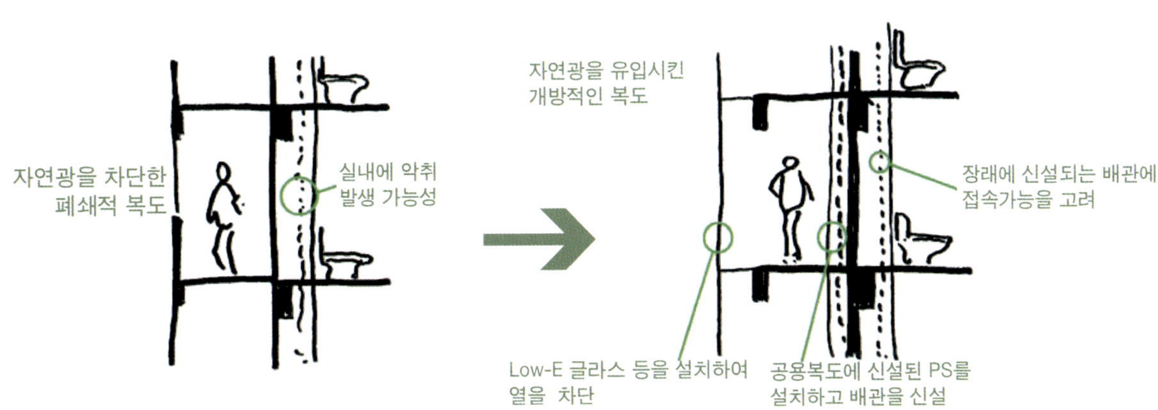

▲ 공용복도부분의 현황
▶ 리파이닝 시공 후

No.7
Refining of condominium apartment buildings [Project B]
분양 맨션 리파이닝B[계획안]

리파이닝 설계 수법으로 기존 전용면적을 최대한 확보

■ **건축개요**
준공년도: 1969년
건축경년: 지어진 지 43년(2012년 기준)
구조: 철근콘크리트조 + 철골조
규모: 지상4층, 지하1층(확인인증완료서)
세대수: 30세대

■ **서류/도면의 유무**
검사인증완료서: 없음
확인인증완료서: 있음

■ **법규상의 제한**
용도지역: 제1종 저층주거전용지역
(최고높이제한구역10m)
건폐율: 60%
용적률: 150%
방화지역: 준방화지역
고도지구: 제1종 고도지구
일사제한: 4-2.5 (측정면 높이 1.5m)
부속주차장설치기준: 도쿄도 주차장 조례에 지정된 건축물이기 때문에 주차시설의 설치의무
지구계획: 없음
도시계획: 없음
도시정비계획사업: 없음
계획도로: 없음

전면 도로와 맨션, 공원의 관계

지어진 지 40년이 경과하여 구내진기준의 분양 맨션의 재생 계획. 철골조와 철근 콘크리트조 4층 건물. 건물의 시공 경위 등, 불투명한 부분이 많았기 때문에 재생이 곤란한 건축물이었다.

문제점

① 재건축이 불가능하다.
건축기준법·조례의 변경에 의해, 현재와 동일한 규모 및 층수의 재건축은 불가능하다.
→ 구분소유자 전원이 거주할 수 없게 된다.
재건축으로 건물이 소실되기 때문에 토지의 구분 소유자의 조정이 필요하다.
→ 권리관계가 복잡하기 때문에 조정이 곤란한다.

② 기존건물의 조건이 나쁘다.
·조사 완료서가 없다.
·기존 건축물의 도면이 거의 없다.
·기존건물의 건설 도중에 공사가 10년간 중단되었지만 이 부분에 대한 상세한 내용이 불분명하다.
·부지조건이 나쁘다.
- 부지는 전면도로와의 기준바닥레벨과 높이차가 큰 지형이다.
- 전면도로에 건설기계장비의 접근이 곤란하다.
- 건물의 클리어런스Clearance가 불가능하기 때문에 건설기계장비의 진입이 곤란하다.
- 북측은 구립공원이 인접해 있고, 공원의 조망이 풍부하지만 부지에서 공원측도 레벨차가 형성되어있다.

③ 건물의 과거 시공 조건
현재의 구조는 남아있는 도면과 크게 차이가 있었으며, 기존 건축물의 구체상황의 파악이 곤란하다.

현상

재생이 상당히 곤란한 건축물이었으며, 전용부의 공사도 실시하지 않으면 리파이닝의 실현이 곤란했다.
→ 전용부분의 보강공사를 실시한 후 재생을 실행한다.

Refining Point

건물의 노후화에 의해 재건축을 검토했지만 일사제한, 부속주차장설치의무 등에 의해 현행법규에는 주호수가 절반으로 줄기때문에 재생을 선택하지 않을 수 없었다. 건물의 시공상태가 현저하게 나빴기 때문에 거주하면서 시공이 어려웠지만 전용부에 가능한한 영향을 미치지 않는 보강계획을 목표로 세웠다.

2가지 공사 방침

①전용부공사에 의해 보강을 실시하는 경우
➔장기간 동안 전용부의 사용이 불가능하다.

②외피보강의 경우·········기존건축물은 거의 해체하지 않고, 외부에서 보강을 실시하는 방법.
➔전용부 내부는 거의 공사를 실시하지 않기 때문에 물품의 보관이 가능.

외피 보강 개념도

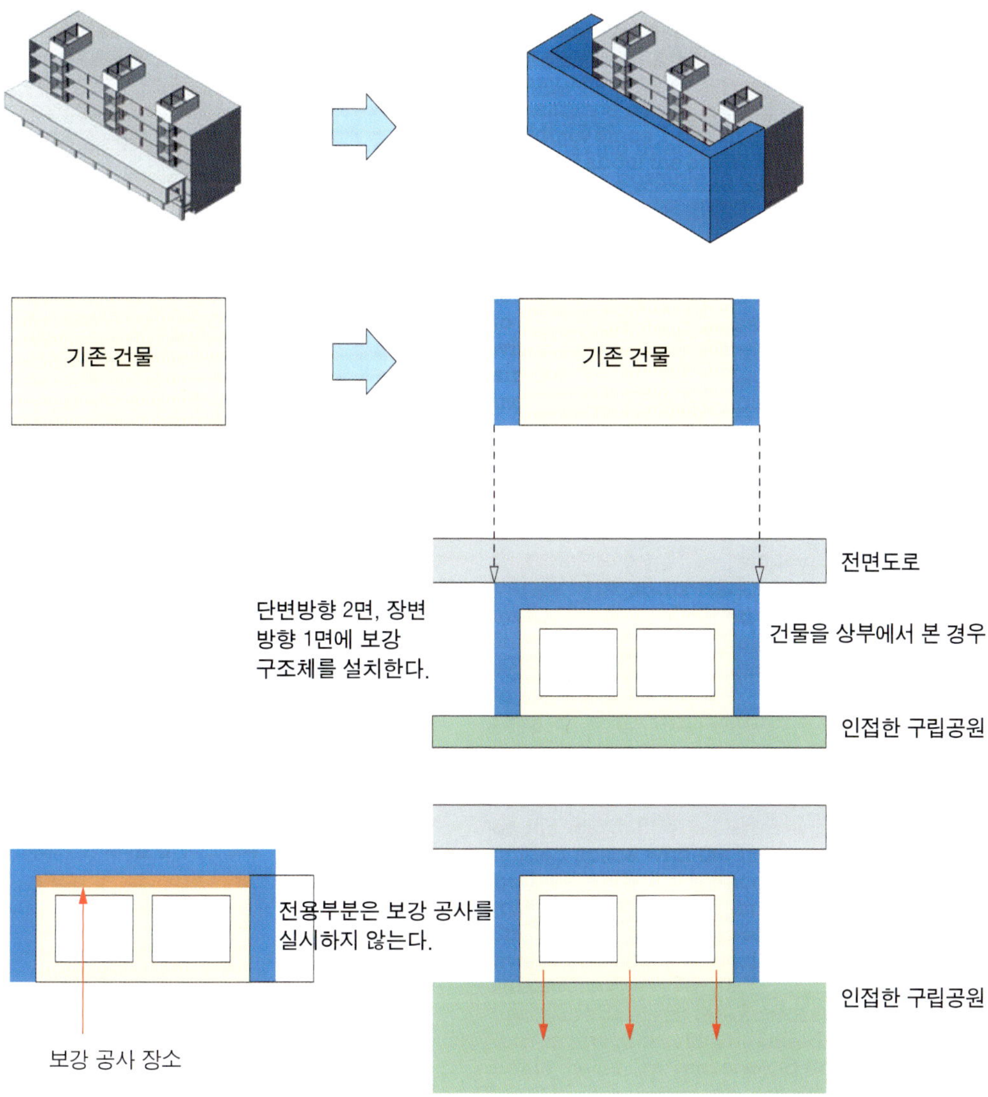

[대담] 건축은 기억의 연속성 안에서 성립된다.

Junichiro Yamaoka山岡淳一郎+Shigeru Aoki青木 茂

동일본 대지진 부흥, '진혼鎮魂'이 가장 절실하다!

Yamaoka 동일본 대지진이 발생한 지 이제 4달이 지나가고 있지만 아직도 상흔이 여기 저기 많이 남아 있습니다. 제가 취재한 후쿠시마福島현 미나미소마南相馬시는 원전에서 20~30Km 동심원상으로 경계가 생겨 20Km 이내 사람들은 모두 퇴거한 상태입니다. 30~40Km 권역 내는 피난 지역이라고 해서 일단 생활 자체는 이루어지고 있지만 가령 병원의 경우 입원 환자를 수용해서는 안 되고, 30Km 권역 밖의 학교에 모여 수업을 해야 하는 상황입니다. 그저 도쿄에서 생각하기엔 원전 이외에 피해를 입은 곳부터 신속히 부흥해야 한다고 말들 하기 마련인데, 이에 반해 후쿠시마 쪽 입장은 부흥에 이르기까지의 과정이 중요하며, 이는 우선 '진혼'부터 시작되어야 하고 그 다음 생활을 뒷받침할 수 있는 복구가 이루어져야 한다고 말합니다. 먼저 부흥이라는 미래상을 그려낼 구조가 있어야 할 터인데 진혼이나 복구라는 부분은 뚝 떼어내 버린 채 갑자기 '부흥'이라는 밑그림만 그리고자 하는 겁니다. 현장을 취재하고 있노라면 거기에 살고 있는 사람들의 스트레스가 얼마나 엄청난지 알 수 있습니다. 진혼이라 함은 죽은 분들의 영혼을 달램과 동시에 재난 속에서 살아남은 사람, 특히 가족을 잃고 사람들의 마음을 어루만지는 일이기도 합니다. 이를 제대로 하지 않는 한 '전진 앞으로' 만을 외쳐대 봤자 아무 소용없습니다. 한신 아와지阪神 淡路 대지진 당시, 시모코우베 아쓰시下河辺淳 씨가 '한신.아와지 대지진 부흥위원회'의 위원장으로 부흥을 위해 열정적으로 앞장서던 무렵, 건축가 이소자키 아라타磯崎新 씨가 어딘가의 심포지엄에서 '먼저 원래대로 되돌려 놓으라' 라는 말씀을 하시는 바람에 그 자리에 함께 있던 다른 건축가와 논쟁이 붙었다는 기사를 어느 잡지에서 읽은 기억이 있습니다. 제 생각엔 이소자키 씨의 시점이 어떤 의미에서는 자연스럽지 않나 하는 생각이 듭니다. '불난 집에 든 도둑(다른 사람의 혼란을 틈타 이익을 얻는 자)'처럼 새로운 것을 자꾸만 만들어 대는 것은 오히려 좋지 않은 접근법이 아닐까 싶습니다.

Aoki 얼마 전에 이소자키 씨를 만났는데 후쿠시마 천도론에 대해 이야기를 나눴습니다. 그렇게 하지 않으면 일본은 전 세계의 신뢰를 잃게 된다고 말입니다.

Yamaoka 이번 대지진 이후, 제가 연재 중인 기사에 처음으로 쓴 것이 바로 '센다이에 부흥 본부를!'이라는 내용입니다. 부흥 회의 또한 도쿄에서 할 필요는 없고 가급적이면 재해지역으로 들어가라는 이야기를 담았습니다. 이소자키 씨의 말이 과연 일리가 있는 것은 어디에 시선을 맞추느냐에 따라 디자인이나 구조를 포함해 여러 가지가 달라진다는 그 감각이 참으로 흥미롭습니다.
이번에 보고 생각한 점이 바로 '현장의 힘', 특히 자치단체의 힘에 의해 향후 부흥의 프로세스가 상당히 달라진다는 점입니다. 예를 들어 미나미소마 시는 원전 문제로 무척 힘겨운 상태지요. 사쿠라이 가쓰노부桜井勝延 시장은 YouTube 등을 통해 '일본이 우리를 버리려 한다'며 전 세계에 전파하고 있습니다. 그런 타입의 자치단체 수장이 유례가 없었습니다. 그렇기에 미국 타임즈지가 '세계에서 가장 영향력 있는 100명'으로 선정한 겁니다. 이제 상위 단체인 현縣 따위는 그들에게 상담 상대도 못 되고, 직접 국가를 상대하고 있지요. 그 덕에 중앙 부처에서 공무원들을 데려다 상주케 하고 있습니다. 그 중 한 명은 부시장이라는 직함으로 총무성에서 파견되었습니다. 결국 현이라는 것이 국가와 지방자치단체의 단순한 조정 기관에 지나지 않았습니다. 지역 사회에서 대단한 권위를 갖고 있는 것처럼 보일 뿐 실제로 이런 대재난이 발생했을 때는 사실 현장의 자치단체가 국가를 직접 상대하는 편이 빠릅니다. 이 또한 이번에 명백해진 사실입니다.

Aoki 도주제道州制라는 게 그렇게 단숨에 진행될까요?

Yamaoka 현 단계에서는 반드시 도주제에 찬성하는 건 아닙니다만 현실적인 문제를 생각하면 그 편이 생사를 다투는 위급 시에는 책임 소재가 명확해지고 대응 방법도 있을 것으로 사료됩니다. 특히 원전의 경우, 종래 법제도의 틀을 원전이 입지하는 기

초자치단체 시정촌市町村과 중앙정부가 모두 결정지어 왔습니다. 이번에도 사고가 일어난 직후 가장 먼저 연락이 간 곳이 도쿄전력, 그리고 관저, 여차저차 해서 후타바마치双葉町라든지 오쿠마마치大熊町로 이어졌습니다. 미나미소마 시 등지는 아무데도 연락을 받지 못했습니다. 이런 바보 같은 일이 또 있을까요? 미나미소마는 향후 그러한 구조를 바꿔야 한다고 주장하고 있는데 어쨌든 지금까지와 같은 피라미드형으로 중앙 정부가 지방을 적당하게 컨트롤하고 중앙 정부의 심부름꾼으로 현이 존재하는 구조는 매우 취약하다고 생각합니다.

'전체를 보는' 중요함!

Aoki 사실 최근에 어느 A 자치단체의 수장 관사를 설계해 달라는 의뢰를 받았습니다만 신축인 줄 알았는데 일부만 리모델링하는 것이었습니다. 그런데 일부 방에 대해서만 내진 보강을 하는 행위는 현재 법률 상으로 정해진 범위 밖의 일입니다. 지사의 관사라는 공공 건물을 아무리 그렇다고 담당자 마음대로 판단해서 가타부타 하는 것은 말이 안 된다고 생각했습니다. '이번에는 예산이 없으므로 이렇게 하겠다'는 식이었는데 여러 가지로 가능성을 열어두고 이야기를 진행시키자니 담당자는 지사도 승낙했다고 말은 하지만 제 생각엔 수장에게 현행 건축기준법과 그에 따르지 않을 경우의 리스크에 대해 제대로 설명하지 않은 건 아닌가 하는 생각이 들었습니다. 기술자로서 그 집에 살 사람을 납득시키지 못한다면 일은 제대로 못하게 된다고 봅니다. 가령, 대지진이 발생해 관사가 무너져 수장에게 무슨 일이 생기면 어떻게 될지, 그런 리스크를 생각하지 않는 경솔함에 깜짝 놀랐습니다. 이번 일도 그렇습니다만 '언제', '어디서', '누가' 결정했는지가 보이지 않는 현실이 지금의 일본 사회라고 생각합니다.

Yamaoka 이번 대지진을 통해 우리에게 던져진 문제는 정말로 중요한 것이 무엇인가? 하는 겁니다. 본질론에서 접근해야만 사물은 잘 짜맞춰지는 법입니다. 일본의 원전은 60년대에 토지 매수가 이루어지고 70년대 무렵부터 건설이 시작되었는데, 그 즈음 독일도 일본과 마찬가지로 원전을 시작했습니다. 일본의 경우, 단기 계약 방식으로 제너럴 일렉트릭GE이나 웨스팅하우스일렉트릭Westinghouse Electric Company 등

미국의 원자력 제작회사가 거의 고정가격으로 즉 포괄적인 견적을 내놓고 전부 다 해주겠다고 했습니다. 그 말은 원자로라는 제품을 일단 들여놓고 그 후에는 취급 설명서대로만 운전하면 된다는 방식이었습니다. 일본은 본질적인 기술 부분을 스스로 만들지 않았습니다. 그러니까 이번에 도쿄 전력이 여러 가지로 전전긍긍하고 있다지만 프랑스의 아레바Areva라든지 GE의 힘을 빌리지 않고는 아무것도 못합니다. 한편 독일은 어떤고 하니 영국으로부터 일단 기술을 사들인 후 제작은 스스로 했습니다. 스스로 만들었기 때문에 기술적인 노하우도 쌓을 수 있었고 어떻게 컨트롤해야 하는지도 잘 알고 있습니다. 그렇기에 이번처럼 '원전 철수'라는 판단도 가능했던 겁니다.

우선 어디에선가 일단 가져온 다음에 생각하면 어떻게든 된다는 발상을 가진 게 일본이라는 나라입니다. 방금 드린 관사에 대한 이야기도 기초부터 조립해나가는 독일 방식대로 생각하면 일단 전체적으로 어떤가 하는 발상에 이를 수 있습니다.

Aoki 지금 모든 문제가 그렇지만 결국 일관되게 생각할 수 있는 사람이 적습니다. 로炉는 로 업체대로, 건물은 건축대로, 토목 구조는 토목업체대로 전체 그림을 볼 수 있는 사람이 아무도 없습니다. 건축 업계도 완전히 비슷한 상황인데, 의장설계업체가 구조설계업체에 어떤 식으로 해달라고 던진 순간, 그 순간 틈이 생기는 겁니다. 아네하姉歯 사건(아네하 건축사무소의 내진설계 부정 사건)을 교훈으로 뭔가 변화가 있었는가 하니 그것도 아닙니다. 그러니까 예산은 이만큼이니 그 범위 안에서 할 수 있는 것만 하면 된다는 식이 반복되고 있는 겁니다.

Yamaoka 일반적으로 과학기술은 고도화되면 세분화되고 전문화되어 나갑니다. 이는 과학기술의 숙명이기도 합니다만, 그렇다고 하면 어떻게 전체적으로 볼 수 있는 시점을 확보하느냐가 중요합니다. 건축에서는 불가능한 이야기인가요?

Aoki 건축이라는 것이 그렇게 복잡하지 않기 때문에 저처럼 다양한 경험을 하면 전체를 볼 수 있습니다. 그러니까 모두들 그렇게 하면 좋을 텐데 하지 않는 것이 문제입니다. 합리적으로 함으로써 회사 이윤이 올라가므로 세분화할 수 밖에 없고, 완성해서 건네줘 버리면 그걸로 끝입니다.

Yamaoka 그러나 앞으로는 환경이라는 주제가 건축 안에서 큰 테마가 될 테니 설비라든지 지금까지 건축의 지류로 분류되어 있던 부분이 중요해 집니다. 종래보다 더 비용 문제를 포함해 에너지 소비 문제를 어떻게 조망해야 하는가 하는 전체 그림을 코디네이터 할 수 있는 시점이 더욱 더 중요해 질 겁니다.

의료 세계에서, 의료 기술이 발달해 온갖 장기별 전문의가 등장했습니다. 이는 그 자체만으로 의미가 있다고 생각합니다만 지금 제일 많은 지적이 바로 가장 먼저 환자를 보고 '당신의 증상은 이러 이러 하므로 이러한 전문의에게 가야 합니다'라고 교통정리를 해 줄 일반의나 가정의의 능력이 중요하다는 점입니다. 종합의라는 표현을 써도 좋을 것 같습니다만 그들이 구분할 수 있는 입장에 있음으로 해서 시스템이 돌아가는, 그런 흐름이 바야흐로 건축의 세계에도 필요하지 않을까 싶습니다.

Aoki 그런데 사실 더욱더 세분화되어 있습니다. 건축학회상에 기술상이라는 부문이 있는데요, 거기에 'FTK BLD.'를 출전시켰습니다. 'FTK BLD.'는 한신.아와지 대지진을 경험한 건물의 리파이닝 건축으로, 여러 가지 것을 전체적으로 생각했기에 가능했던 리파이닝 시공이었습니다. 저는 그것이 기술이라고 생각합니다. 그런데 수상 심사에서 '무엇을 한지는 알겠는데 과연 그것이 기술상에 적합한가'라는 평을 받았습니다. 그들은 거기에 어떤 첨단기술이 사용되었는지만을 생각한 것이 아닌가, 즉 기술을 부분적 선진적인 것으로만 생각한 게 아닌가 싶습니다. 저는 지금 존재하는 기

술을 조합하는 것 또한 새로운 기술이 아닐까 생각한 것인데, 이를 이해받기란 무척 어려운 일이 아닐까 합니다.

Yamaoka 가령, 환경 성능을 향상시킬 수 있는 기술을 개발했다고 하면 높은 평가를 받는 건가요? 그런 일점호화주의一點豪華主義(데라야마 슈지가 제창한 한 가지를 위해 나머지를 포기한다는 의미)는 더 이상 버티지 못할 텐데요?

맨션 재건축 문제, 더 이상 경제적 추진력은 기대할 수 없다!

Aoki 기존 건물을 왜 재건축하는가 하는 의미를 생각할 때도 다들 똑같습니다. 설비가 오래되었으니까, 미관적으로 보기 싫어졌으니까 재건축한다. 내진면에서 불안하니까 개축한다. 등등 여기에는 종합의로서의 판단이 결여되어 있습니다. 전체적으로 봤을 때 어떤지 판단할 수 있는 자가 없습니다.

Yamaoka 아오키씨가 리파이닝을 생각할 때에는 역시 구조부터 접근하는지요?

Aoki 건물이 붕괴하는 이유는 크게 3가지가 있습니다. 먼저 설비 문제. 설비가 제 기능을 못할 때, 가령 수도에서 빨간 녹물이 나온다든지 IT 환경에 대응할 수 없는지 하는 문제입니다. 또 하나는 구조적인 이유로 지금 현재의 내진 기준에 부합하지 않을 때. 그리고 나머지 하나는 미적인 이유입니다. 이를 전체적으로 생각해야만 하는데, 하나가 나쁘다고 해서 전부 못 쓰는 건 아닙니다.

Yamaoka 감기에 걸렸을 뿐인데 수술하는 꼴이겠군요.

지금까지 아파트의 재건축 문제를 보고 있노라면 재건축해서 돈이나 벌자는 경제적인 의도가 상당히 컸다고 생각합니다. 제가 취재하면서 알게 된 아파트를 되돌아 봐도, 가령 오사카의 센리모모야마다이千里桃山台 2단지에는 코스모스 이니시어Cosmos Initia Co., Ltd.라는 개발자가 재건축에 앞장 서 왔지만 바야흐로 재건축 단계에 들어서자 리먼 쇼크로 이 회사가 거의 빈사 상태가 되어 버렸습니다. 요컨대 개발자가 재건축으로 수익을 올리고자 한 것으로, 주민 5분의 4의 찬성을 얻었다며 억지로 추진하고자 했지만 경제 환경이 바뀌어 개발자 자체가 도산할지도 모를 엄청난 리스크가 뚜렷해진 겁니다. 그에 대해 현행 법제도 안에서 소유권이 제대로 지켜지고 있는고 하니 전혀 그렇지 못했습니다. 결국 모모야마다이는 다이와大和 하우스 등 3사가 합작을 통해 재건축하게 되었습니다. 어쨌든 오래되어 재건축이 필요한 시점에 새로운 마루를 만들어 팔면 재건비가 나온다는 논리로 힘 자랑을 하던 재건축 촉진 압력도 더 이상 성립되지 않게 되었습니다. 땅값이 이 수준까지 떨어지면 재건축해서 마루를 넓혀봤자 그리 쉽게 팔리지도 않을뿐더러 저출산 고령화 문제가 걸려 있으므로 새롭게 만들어도 살 사람이 없습니다. 이러한 절실한 경제적인 상황 때문에 앞으로는 더더욱 재생 건축으로 이행할 수 밖에 없지 않을까 하는 생각이 듭니다.

건축은 기억의 연속성 안에서 성립된다!

Aoki 저는 3가지 조건을 충족한다면 리파이닝 건축도 괜찮다고 생각합니다. 첫째 사업적으로 성립되는가 여부입니다. 공공 건축이라면 리파이닝을 통해 공공을 위한 투자 효과가 있는지 여부를 생각하면 됩니다. 둘째, 그 건물이 내진 보강에 견딜 수 있을지 여부입니다. 리파이닝 건축을 통해 얼마나 갈 수 있는가 하는 겁니다. 마지막으로 셋째, 이번 대지진을 통해 분명히 알았는데요, '기억' 같은 존재. 지진 해일로 인해 괴멸적인 피해를 입은 리쿠젠타카타陸前高田에 가서 가슴이 오싹 했던 건 인간의 근저, 즉 바탕에 있는 고향의

느낌 같은 것이 한 순간에 사라지고 없는 그 장면을 보면서 '기억' 이랄까요? 역사적인 것을 소중히 해야겠다고 생각했습니다.

Yamaoka 건축이라는 것이 시대의 연속성 안에서 성립되는 것이군요. 건축은 준공했다고 해서 완성이 아니라 거기에 사람이 들어오고 사용했을 때 비로소 건축이 시작된다. 이를 어떻게 계승해 가는가가 지금 말씀하신, 그 지역의 기억이라는 것과 얽히고 설키면서 밀접한 관계를 갖는 걸 겁니다.

Aoki 기억을 잃는다는 건, 가령 눈을 뜨니 사막 한가운데에 있는 것과 같은 느낌입니다. 어쩔 바를 모르는 겁니다. 실마리조차 사라지는 겁니다.

Yamaoka 주민들이 마음을 놓아 둘 곳이 없습니다.

Aoki 오나가와女川나 게센누마気仙沼는 제가 태어난 오이타大分현 가마에蒲江와 매우 비슷해 만약 내 고향이 지진 해일을 당한다면 이렇게 될 것이다라는 생각이 들었습니다. 그렇다면 무언가 미리 대책을 세울 수 있지 않을까 하는 이미지가 떠오르는 겁니다. 언덕 위에 집단 주택을 만든다든가 사무실을 아래층에 만들고 4층짜리 정도의 피난 오두막을 만든다든가..... 그런데 리쿠젠타카타에서는 그조차 허용되지 않았습니다. 아마도 브라질이나, 일본으로 치면 쓰쿠바茨城처럼 새로운 도시에 공통된, 뭔가 마음이 편치 않은 기분이랄까? 뭔가 길이 없는 막막함.....

Yamaoka 건축이라 함은 유기체라고 생각합니다. 재료 면에서는 콘크리트나 유리 등 무기질인 것들로 만들지 모르겠지만 건축은 순환하는 유기체나 생명체 같은 것이며, 이는 '어디에서 와서 어디로 가는가' 하는 커다란 질문을 내포하고 있습니다. 타히티에서 죽은 고갱의 그림 중 '우리는 어디에서 왔으며, 우리는 무엇이며, 우리는 어디로 가는가?' 라는 제목의 작품이 있습니다. 건축은 그러한 것들을 내재하고 있기에 사람이 편안함을 느끼고 안심할 수 있는 겁니다. 전혀 기억조차 없는 곳에 무엇인가를 만들려고 할 경우, 이 '어디에서 왔는가' 하는 부분이 전혀 보이질 않습니다. 4월 초에 처음으로 미나미소마에 들어갔을 때, 바다로부터 토사가 흘러 들거나 집이 떠내려가 목재들이 켜켜이 쌓여 가는 그 안에 생활의 단편들이 있었습니다. 그 모습을 보고 언어를 사용하는 인간으로서 이를 그저 깨진 기와 조각이라고 치부해 버릴 수 있을까요? 어느 신사에 가보니 본전은 형체를 알아볼 수 없는 지경이었지만 비석만은 남아 있고 거기에 흰 스니커즈와 골프공이 놓여 있기에 그것들을 사용하던 사람의 가족에게 전해줄 수 있는 방법이 없을까 하는 생각이 들더군요. 진혼에 대해 생각한 것도 거기서 시작된 겁니다. 내 나름대로 진혼이라는 문제를 고민하면서 취재를 계속했고, 이를 깨진 기와 조각이라고 불러서는 안 되겠다고 생각했습니다.

뭐라고 불러야 좋을지 아직 답을 찾지는 못했지만 적어도 제 자신의 원고 안에서는 '깨진 기와 조각'이라는 말은 금구입니다. 해일 피해를 당해 간신히 도망쳐 대피소에 들어갔는데, 이제서야 겨우 죽은 부모와 아이를 찾아 나서려고 하니 이번엔 원전으로부터 도망치라는 형국입니다. 그들에게는 미련이 남는 다는 정도로 끝날 문제가 아닙니다. 그러한 인간의 정념을 우리는 어떻게 받아들여야 할까요? 만약 부흥이라는 이름으로 무언가를 해야 한다면 이를 어떻게 제대로 회복시켜 나가야 하는지요?

또 하나, 일본의 경우 자연재해는 어떠한 의미에서 숙명이기도 합니다. 그렇다면 지금까지와 같이 제방을 만들었으니 안전하다는 발상이 아닌, 어느 정도 피해는 어쩔 수 없다. 그 대신에 재해가 발생한 이후 이를 어떻게 회복시킬 것인지에 대한 '회복력' 같은 것, 그 것이야말로 고장 재건이나 커뮤니티 조성에 큰 힘이 되리라 봅니다.

각각의 사정이 있는 집합 주택, 리파이닝의 가능성이 보이다

Aoki 건축 이야기를 하자면 아네하 사건이 발생한 후 건축계는 '주인님의 지시에 따랐을 뿐'이고, 이제 와서 '법 규제가 너무 까다로워 못 살겠으니 좀 완화해라' 라고 말하는 형국인데, 저는 그게 참 이상합니다. 처음부터 그렇게 말하고 건축계에서 논의를 통해 해결안을 제출했어야 하는데 그걸 못한 것이 지금 건축계의 현주소입니다.
시장이 완전히 축소되는 가운데 설계의 수고를 간소화하라는 것 또한 너무 부정적입니다. 오히려 현행 법률을 더욱 까다롭게 만들어 제대로 안전한 건물을 만들기 위한 노력을 하고, 설계료를 제대로 받는 편이 낫다고 생각합니다. 저는 리파이닝 건축을 통해 이를 실현해 왔습니다. 완고한 집 짓기가 신뢰로 이어집니다.

Yamaoka 아오키 씨의 리파이닝 건축을 보고 있노라면 개개 안건의 데이터 하나하나가 고도로 축적되어 있다는 생각이 듭니다. 그것이 가장 강점인 듯 합니다. 기술적 문제에 대해서 높은 장애물이 가로 막아도 그러한 축적이 있으므로 충분히 극복할 수 있다는 자신감이 있는 것이라고 생각합니다.

Aoki 지금 분양 맨션의 리파이닝 의뢰를 받아 조사에 착수했는데요, 하나는 내진 보강을 공공 부분public space 내에서 어떻게 해결할지, 다른 하나는 상당히 까다로운 건물로 스크랩 앤드 빌드Scrap and Build 할 경우 용적률이 지금의 절반 정도 밖에 나오지 않기 때문에 제가 아니면 안 된다며 의뢰가 들어왔습니다.

전자의 맨션은 집합 주택으로 43세대, 건축연한 40년 정도의 건물인데 리파이닝을 선택한 이유는 거주자들이 그 건물에 애착이 있기 때문입니다. 외관은 바꾸지 않고 싶은데 설비가 노화되고 내진이 불안하다고 합니다. 방수를 다시 하고 외부 도장을 부탁하자 1억 엔 정도 든다는 말을 들었다고 합니다. 너무 터무니가 없어 방금 전 야마오카씨께서 말씀하셨던 종합의 같은 건축가가 없는지 찾다가 저한테 왔다고 합니다. 관리조합과 몇 번이고 논의를 거듭하고 주민 공개 결의를 통해 조사에 들어가게 되었습니다. 리파이닝의 핵심은 개방된 스페이스에서만 내진이 가능한가 하는 점으로, 그것만 가능하다면 세대 내 공사는 최소한으로 해결될 겁니다.

Yamaoka 지금까지 아오키 씨가 실시해 온, 구조 배치를 크게 바꾸거나 갈바늄Galvalume으로 외관을 바꾸는 등 과감한 방식과는 다른 방식이군요. 참 흥미롭습니다. 아마도 1억 엔이 든다는 건 대규모 수선이기 때문에 그렇다고 생각합니다. 지금까지의 분양 맨션은 선택지가 둘밖에 없었습니다. 하나는 계속해서 철저하게 대규모 수선이나 부분 수선을 유지하든지 혹은 재건축을 통해 세대 수를 늘리거나 하는 겁니다. 만약 이번 리파이닝이 잘 된다면 거기에 또 하나의 다른 길이 열릴 수도 있으리라는 생각이 듭니다.
결국 분양 맨션은 관리 조합을 중심으로 한 맨션 내 커뮤니티의 색깔에 따라 그 모습이 완전히 달라집니다. 방금 그 사례는 규모가 그다지 크지 않고 서로의 얼굴을 확인할 수 있는 연관성이 조성되어 있었기에 그러한 선택을 할 수 있었다고 봅니다. 규모가 커지면 합의 도출이 참 힘든 법이지요.
Aoki 지금 단지 리파이닝 계획도 있고 해서 조사에 들어가 있는데 이를 통해 집합 주택의 리파이닝에 대해서는 대체로 대응할 수 있을 것이라 생각하고 있습니다.

(대담 수록 2011년 7월)

Data

만주소滿珠荘
소재지: 야마구치山口현 시모노세키下関시 미모스소가와마치
주요 용도: 여관
건축주: 시모노세키 시
건설연도: 1973년
건축연한: 37년
■ 서류/도면 유무(기존)
확인필증: 있음
검사필증: 있음
기존 도면: 있음
구조 계산서: 있음(단, 복원한 것)
비고: 기존 구조도 복원 및 현황 내진 진단에 대하여 히로시마 건축사사무소협회에서 평정 취득이 끝난 상태였음.
■ 설계
건축 · 감리: 아오키 시게루 건축 공방
구조: 가네바코金箱 설계 사무소
설비: EE 설계
전기: EE 설계
■ 시공
건축: 나가노長野 공무점 · 나가야마永山 건설 만주소 대규모 개수건축 주체공사 공동 기업체
공조: 공조 서비스
위생: 신 홈 · 닛칸특수 JV
전기: 산요 전공
■ 규모
부지면적: 2,407.22m²
건축넓이: 671.46m²
전체면적: 1,831.94m²
지하 1층: 558.00m²
1층: 615.43m²
2층: 636.03m²
옥탑층: 22.48m²
건폐율: 27.89%
용적률: 76.10%
층수: 지하 1층, 지상 2층, 옥탑 1층
■ 치수
최고 높이: 14.07mm
처마 높이: 10.04mm
바닥 높이: 지하 1층 3,800mm
천정 높이: 지하 1층 2,600mm
주요 스팬: 6,500mm× 8.1mm
■ 부지 조건
도로 폭: 6.314m
주차 대수: 1대
■ 법규상의 제한
용도 지역: 지정 없음
법성 건폐율: 70%
법정 용적률: 200%
방화 지정: 법 22조 구역
고도 지구: 지정 없음
일조 제한: 지정 없음
주차 부설: 지정 없음
사선 제한: 인접지 사선, 도로 사선
지구 계획: 간몬関門경관형성지구(히노야마火の山 지구)
도시 계획: 시가화市街化 조정 구역(도시 공원 내)
도시계획 정리사업: 없음
계획 도로: 없음
■ 구조
주체 구조: 철근 콘크리트조
말뚝 · 기초: 말뚝 기초
주요 친환경 기술: 에너지손실 최소화 환기, top light에 의한 굴뚝 효과, light shelf, 그레이팅 차양막
■ 설비
○ 공조 설비
공조 방식: 공기열원 히트펌프방식
열원: 전기
○ 위생설비
급수: 수수조受水槽 +가압급수방식
급탕: 열원 전기+가스, 히트펌프 급탕 방식(보조 열원기와 조합)
보조 열원 가스 급탕기: 50호×2조
배수: 옥내 분류 방식
정화조: 합병 처리 정화조
욕조 순환 여과 설비: 모래식 여과 방식
○ 전기 설비
수전 방식: 3φ3W 6.6KV
설비 용량: 3φ3W 150KVA, 1φ3W 100KVA
예비 전원: 비상용 발전기 3φ3W, 44.9KW
○ 방재 설비
소화 설비: 옥내 소화전, 소화기
배연: 자연 배연
기타: 비상 방송 설비, 유도등, 자동화재 알림 설비
승강기: 손님용 승강기×1기, 소화물 승강기×1기
특수 설비: 없음
■ 공정
설계: 2009년 7월~2010년 8월
시공: 2010년 12월~2011년 12월
■ 공사비
총공사비: 약 469,000,000엔
■ 외부 마감
지붕: 개질 아스팔트 방수열공법 밀착 사양
외벽: 기존 외벽 보수 후, 분사 타일, 우레탄 수지 도장 갈바늄Galvalume 강판 t=0.4 너와판 수직 잇기, 수평 잇기, K형 spandrel
개구부: 알루미늄 새시, 스틸 새시, 알루미늄 커튼월, 단열 톱라이트
외구外構: 잔디 조성, 아스팔트 포장
■ 내부 마감
○ 2층 라운지
마루 : 플로어링, 호모지니어스계, 긴 염화비닐 시트 t=2.5
벽: LGS 위 PB 12.5 한랭사천 퍼티 코팅 EP 도장
천정: LGS 위 PB 9.5 한랭사천 퍼티 코팅 EP 도장
○ 1층 로비
마루: 호모지니어스계
벽: LGS 위 PB12.5 한랭사천 퍼티 코팅 후 EP 도장
천정: LGS 위 PB9.5 한랭사천 퍼티 코팅 후 EP 도장
○ 욕조
마루: 타일 기초 모르타르 50mm 자기질 타일
벽: 타일 기초 모르타르 보더 타일
천정: LGS 바쓰 리브(마쓰시타 전공의 욕실용 천정 마감재)
탈의실
마루: 건식 이중마루 위 나왕 합판 t=12, 플로어링 t=12
벽: LGS 위 내수 PBt=12.5 한랭사천 퍼티 코팅 후 내장용 오염방지도장
천정: LGS 위 PB9.5 한랭사천 퍼티 코팅 후 EP 도장
숙박실(4인용 객실)
마루 : 건식 이중마루 위 나왕 합판 t=12
○ 다다미(테두리 없음)
벽: LGS 위 PB12.5 비닐 크로스 접착 일부 한랭사 퍼티 처리 후 EP 도장
천정: LGS 위 PB9.5 비닐 크로스 접착
○ 숙박실(큰 객실)
마루: 건식 이중마루 위 나왕 합판 t =12
○ 다다미(테두리 없음)
벽: LGS 위 PB12.5 비닐 크로스 접착 일부 시나베니어 합판 5.5 간격 접착
천정: LGS 위 PB9.5 비닐 크로스

기요세 게야키清瀬けやき **홀**
소재지: 도쿄도 기요세清瀬시 모토마치元町 1-6-6
주요 용도: 시민센터, 시민회관, 도서관, 육아지원실
건축주: 기요세시
건설연도: 1976년
건축연한: 34년
■ 서류/도면 유무(기존)
확인필증: 있음
검사필증: 있음
기존 도면: 있음
구조 계산서: 당시 계산서는 없지만 기존 건물 내진 진단서 있음
■ 설계
건축 · 감리: 아오키 시게루 건축 공방
구조: 구조 계획 플러스 원
설비: 아오蒼 설비 설계
전기: 아오 설비 설계
극장 컨설턴트: 공간 창조 연구소
건축 음향 설계: YAB 건축 · 음향 설계
외구: 어스케이프
■ 시공
건축: 나카노 후드 · 쓰보이坪井 건설 공동 기업체
공조 · 위생: Apac 엔지니어링
전기: 유덴사雄電社
무대 기구: 모리히라森平 무대기구
무대 음향: Ascent
무대 조명: 마루모丸茂 전기
■ 규모
부지면적: 2,910.44m²
건축넓이: 1,581.96m²
전체면적: 3,972.81m²
지하 1층: 338.02m²
1층: 1,292.45m²
2층: 1,159.45m²
3층: 643.46m²
4층: 518.95m²
옥상층: 20.48m²
건폐율: 54.36%
용적률: 136.50%
층수: 지하 1층, 지상 4층
■ 치수
최고 높이: 18,120mm

처마 높이: 15,600mm
바닥 높이: 3,600~4,830mm
천정 높이: 일반실 2,500mm
주요 스팬: 6,000mm×4,000mm
6,000mm×6,000mm
■부지 조건
도로 폭: 남 7.28m, 북 4.0m
주차 대수: 11대(only 운영자용)
■법규상의 제한
용도 지역: 상업지역, 제1종 중고층 주거 전용 지역
법정 건폐율: 80%(상업) 60%(제1종 중고층 주거 전용 지역)
법정 용적률: 400%(상업) 200%(제1종 중고층 주거 전용 지역)
방화 지정 : 방화 구역(상업) · 준방화 구역(제1종 중고층 주거 전용 지역)
고도 지구: 제2종 고도 지역
일조 제한: 있음
주차 부설: 있음
사선 제한: 도로 사선, 인접지 사선, 북측 사선
지구 계획: 없음
도시 계획: 시가화 구역
도시계획 정리사업: 없음
계획 도로: 없음
■구조
○내진 개수
기존부: 철근 콘크리트조
홀 지붕 부분: 철골조
○증축
남쪽 벽면, EV동, 시민회관 객석부 · 동쪽 통로동 · 북쪽 분장실동 : 철골조
말뚝 · 기초: PC파일(기존부)
강관 말뚝(북측 분장실동 이외의 증축부), 지반 개량 후 직접 기초(북쪽 분장실동)
주요 친환경 기술 : 고효율 기기, 자연 환기 시스템 채택
■설비
○공조 설비
공조 방식: 단일 덕트 공조기 방식, 멀티 패키지 에어컨
열원: 냉온수 발생기 위생설비
○위생설비
급수: 고가 수조 + 증압급수 방식
급탕: 국소 전기 온수기 방식
배수: 중력 방식, 일부 펌프업 방식
정화조: 없음
욕조 순환 여과 설비: 없음
○전기 설비
수전 방식: 고압 1회선 수전 방식
설비 용량: 630kVA
계약 전력: 357kVA
예비 전원: 비상용 디젤 발전기 220kVA, 비상 조명용 직류 전원설비 1φ 2W100V HS120-54 셀
○방재 설비
소화 설비: 폐쇄형 스프링클러 설비, 옥내 소화전
배연: 기계 배연 설비
기타: 비상 조명 설비, 유도등 설비, 자동 화재 알림 설비, 비상 방송 설비
승강기: 승용 승강기 2대
특수 설비: 무대 기구 설비, 무대 음향 설비, 무대 조명 설비, 난청자 지원 설비
■공정
설계: 2008년 4월~2009년 9월
시공: 2009년 10월~2010년 11월
■공사비
총공사비: 약 1,282,000,000엔
■외부 마감
지붕: 신규 시트 방수, 신규 우레탄 방수
외벽: 기존 외벽면 : 갈바늄 강판 절판 잇기
남쪽 R형 외벽 : 갈바늄 강판 수평 잇기
동서면: 내화 EX가드
개구부: 유리 커튼월, 알루미늄 새시
외구: 토양 믹스 시멘트, interlocking block, 각 파이프 펜스
■내부 마감
○입구 홀, 공용 로비, 현관
마루: 자기 타일
벽: Jolypate 이탈리 아트
천정: PB 위 EP 도장
○객석
마루: 플로어링 t=15
벽: 천연목 접합합판
천정: PB 위 EP 도장
○무대
마루: 플로어링 노송
벽: 유리 섬유 유리 크로스 둘레 장식 t=50(블랙) 핀 고정 공법
천정: grapevine trellis
○도서실
마루: 타일 카펫
벽 · 천정: PB 후 EP 도장
○육아지원실
마루: 플로어링 t=15
벽 · 천정: PB 후 EP 도장
○일반실
마루: 타일 카펫
벽: EP 마감
천정: rock wool sound absorbing board

하마마츠 살라浜松サーラ

소재지: 시즈오카静岡현 하마마쓰浜松시 히가시東구 니시즈카쵸西塚町 200
주요 용도: 점포, 집회장, 사무소
건축주: GASTEC SERVICE, INC.
건설연도: 1981년
건축연한: 29년
■서류/도면 유무(기존)
확인필증: 있음
검사필증: 있음
기존 도면: 있음
구조 계산서: 없음
■설계
건축 · 감리: 아오키 시게루 건축 공방
구조: 가네바코 설계 사무소
설비: 가시마鹿島 건설 중부 지점
전기: 가시마 건설 중부 지점
■시공
건축: 가시마 · 가미노 건설 공사 공동 기업체
공조 · 위생: 중부中部
전기: 가와키타川北 전기공업
■규모
부지면적: 7,880.76m²
건축넓이: 2,762.91m²
전체면적: 14,925.26m²
지하 1층: 1,373.22m²
1층: 2,237.64m²
2층: 2,103.28m²
3층: 2,116.32m²
4층: 1,957.97m²
5~7층: 1,550.53m²
옥탑층: 181.01m²
기준층: 1,550.53m²
건폐율: 35%
용적률: 186%
층수: 지하 1층, 지상 7층, 옥탑 1층
■치수
최고 높이: 38,380mm
처마 높이: 33,450mm
바닥 높이: 5층 3,750mm
천정 높이: 5층 2,600mm
주요 스팬: 6,500mm× 8,500mm
■부지 조건
도로 폭: 동 6.0m, 서 6.5m, 남 25m
주차 대수: 365대
■법규상의 제한
용도 지역: 공업지역
법정 건폐율: 60%
법정 용적률: 200%
방화 지정: 법 22조 구역
고도 지구: 없음
일조 제한: 없음
주차 부설: 없음
사선 제한: 도로 사선
지구 계획: 없음
도시 계획: 없음
도시계획 정리사업: 없음
계획 도로: 없음
■구조
주체 구조: 철골 철근 콘크리트조, 일부 철근 콘크리트조
말뚝 · 기초: 말뚝 기초(RC 타설 말뚝)
주요 친환경 기술: 외단열, 주차장 녹화
■설비
○공조 설비
공조 방식: 중앙 열원 방식
열원: 흡수식 냉온수 발생기, GHP
○위생설비
급수: 고가 수조 방식
급탕: 개별 급탕 방식
배수: 오수 · 잡배수 합류 방식
정화조: 없음
욕조 순환 여과 설비: 없음
○전기 설비
수전 방식: 1회선 수전 방식(옥내 전기실)
설비 용량: 1,650kVA
예비 전원: 자가 발전 설비, 축전지 설비
○방재 설비
소화 설비: 스프링클러, 옥내 소화전, 연결송수관
배연: 기계 배연
기타: 비상 방송 설비, 유도등, 자동 화재 알림 설비, 가스 소화 설비(전기실)
승강기: 손님용 EV×3기, 직원용 EV×2기, 에스컬레이터×1기(1~3층)
■공정
설계: 2009년 3월~2009년 12월

시공: 2010년 1월~2010년 10월
■ 공사비
총공사비: 약 16.50억엔

■ 외부 마감
지붕: 기존 방수 불량부분 보수
외벽: 기설 외벽 보수 후 아크릴 고무계 방수형 복층 도장재 위 철골 기초 후 갈바늄 강판 t=0.6 엠보스 25φ+8φ 가공 특수 형상 패널
개구부: 알루미늄 커튼월(칼라 비산 방지 필름), 알루미늄 새시 위 알루미늄 펀칭 패널 차폐
외구: 잔디 조성, 데크 테라스, 컬러 아스팔트 포장, 아스팔트 오버레이
■ 내부 마감
○ 1층 점포(공용부)
마루: 플로어링
벽: 몸체 보수 후 LGS 위 PB12.5+PB9.5 기초 처리 후 EP 도장
천정: 몸체 보수 후 EP 도장 위 천연목 루버 후 CL 도장
○ 4층 집회장(살라 홀)
마루: 타일 카펫
벽: 몸체 보수 후 LGS 위 PB12.5+PB9.5 기초 처리 후 EP 도장,
몸체 보수 후 LGS 위 PB12.5+규산 칼슘판 t=6 후 염화비닐 시트
천정: PB12.5+PB9.5 후 기초 처리 후 EP 도장
○ 5층 사무소
마루: 타일 카펫
벽: 몸체 보수 후 LGS 위 PB12.5+PB9.5 후 크로스 접착
천정: PB9.5 후 rock wool sound absorbing board t=9

YS BLD.

소재지: 도쿄도 미나토港구 미타三田 4-17-19
주요 용도: 공동 주택
건축주: 아오키 료코青木涼子
건설연도: 1972년
건축연한: 40년
■ 서류/도면 유무(기존)
확인필증: 없음
검사필증: 없음
기존 도면: 없음
구조 계산서: 없음
비고: 확인필증은 대장 확인에 의해 있었으나 완료 검사필증은 없었음. 또한 기타 도면 등은 모두 남아있지 않은 상황이었음
■ 설계
건축 · 감리: 아오키 시게루 건축 공방
구조: 가루이시 미노루軽石実 일급 건축사 사무소
설비: comodo 설비
전기: EOS plus
■ 시공
건축: SATOBENEC Co., Ltd.
공조 · 위생: 료열
전기: Ryonetsu
금속판 · 철물: 가쓰마타勝又 금속공업
■ 규모
부지면적: 115.21m²
건축넓이: 68.63m²
전체면적: 253.86m²
1층: 61.59m²
2층: 67.23m²
3층: 66.08m²
4층: 58.98m²
건폐율: 59.0%
용적률: 219.0% ※기존 부적격
층수: 지상 4층
■ 치수
최고 높이: 11,620mm
처마 높이: 10,620mm
바닥 높이: 4층 리빙 2,800mm
천정 높이: 4층 리빙 2,430mm
주요 스팬: 7,900mm×8,700mm
■ 부지 조건
도로 폭: 동쪽 4m
■ 법규상의 제한
용도 지역: 제1종 중고층 주거 전용 지역
법정 건폐율: 60.0%
법정 용적률: 160%
방화 지정: 준방화 구역
고도 지구: 제2종 고도 지구
일조 제한: 있음
주차 부설: 없음
사선 제한: 천공률
지구 계획: 없음
도시 계획: 제2종 고도 지구
도시계획 정리사업: 신법 적합 ※없음
계획 도로: 신법 적합 ※없음
■ 구조
주체 구조: 철근 콘크리트조, 일부 철골조
말뚝 · 기초: 연속 기초
주요 친환경 기술: 옥상 녹화, 외단열+내단열, 메조네트식maisonnette 아파트 통풍, 올전화All電化
■ 설비
○공조 설비
공조 방식: 개별 공냉 히트펌프분식
열원: 전기(올 전화)
○위생설비
급수: 직결증압펌프 방식
급탕: 에코 큐트 방식
열원: 전기
배수: 합류(오수 · 잡배수 · 빗물) 방식
○전기 설비
수전 방식: 저압 단상 삼선 시스템 100/200
설비 용량: 30kVA
계약 전력: 1,2층 4~8kVA/3,4층 10kVA
○방재 설비
소화 설비: 주택용 화재 경보기, 유도등, 소화기
배연: 자연 배연
기타: 대피 사다리
승강기: 3인승 중규모 엘리베이터
■ 공정
설계 기간: 2010년 1월~2010년 7월
시공 기간: 2010년 8월~2011년 2월
■ 공사비
총공사비: 약 56,000,000엔
■ 외부 마감
지붕: 기존 RC 몸체에 외단열 강판 방수 후 옥상 녹화(관수 시스템)
외벽: 기존 RC 몸체에 단열재 후 갈바늄 강판
개구부: 알루미늄 새시+Low-E 글라스
외구: 유니버설 원예 사옥상 녹화 및 정원 재배)
■ 내부 마감
○ 1, 2층 리빙 · 다이닝, 침실
마루: 합판 플로어링
벽: PB t=12.5 한랭사 퍼티 코팅, 비닐 크로스 접착
천정: PB t=9.5 한랭사 퍼티 코팅, 비닐 크로스 접착
○ 3층 침실, 창고
마루 : 합판 플로어링
벽: PB t=9.5+12.5 한랭사 퍼티 코팅, 회반죽 칠
천정: PB t=9.5+9.5 한랭사 퍼티 코팅, 회반죽 칠
○ 3층 무대
마루: 편백나무 원목 부착
벽: PB t=9.5+12.5 한랭사 퍼티 코팅, 소나무 베니어 합판, 글라스 설치
천정: PB t=9.5+9.5 한랭사 퍼티 코팅, 회반죽 칠
○ 4층 리빙 · 다이닝
마루 : 자기질타일 300mm 부착
벽: PB t=9.5+12.5 한랭사 퍼티 코팅, 회반죽 칠
천정: PB t=9.5+9.5 한랭사 퍼티 코팅, 회반죽 칠
○ 4층 루프 발코니
마루: 자기질타일 300mm 부착
벽: 기존 RC 몸체에 단열재 후 갈바늄 강판
천정: 규산 칼슘판 t=6mm VP 도장, 스틸 아연 도금, 루버
■ 임대료 · 유닛 면적
세대 수: 3세대(3타입)
세대 전용 면적
1층: 53.3m²/2층: 62.9m²/3,4층: 116.6m²(메조네트식 아파트)
임대료: 180,000~200,000엔

옛 도바타戸畑区 구청 청사 [계획안]

소재지: 후쿠오카福岡현 기타큐슈九州시 토바타戸畑구 신이케新池 1-1-1
주요 용도: 도서관(구청에서 용도변경)
건축주: 기타큐슈시
건설연도: 1933년
건축연한: 79년(2012년 현재)
■ 서류/도면 유무(기존)
확인필증: 없음
검사필증: 없음
기존 도면: 없음
구조 계산서: 없음
■ 설계
건축: 아오키 시게루 건축 공방
구조: 가네바코 설계 사무소
설비: 도호 설비 설계
전기: 도호 설비 설계
■ 규모
부지면적: 4,760.00m²
건축넓이: 1,072.46m²
전체면적: 2,889.61m²
지하 1층: 696.33m²
1층: 1,032.51m²
2층: 993.31m²
3층: 75.45m²
PH 1층: 30.61m²

PH 2층: 25.51m²
PH 3층: 25.51m²
PH 4층: 10.36m²
건폐율: 22.53%
용적률: 60.71%
층수: 지하 1층, 지상 3층, 옥탑 4층

■ 부지 조건
도로 폭: 동 36m, 남 13.75m, 서 9.5m, 북 8m
주차 대수: 38대(장애인용 2대 포함)
■ 법규상의 제한
용도 지역: 상업지역
법정 건폐율: 80%
법정 용적률: 400%
방화 지정: 준방화 구역
고도 지구: 해당 없음
일조 제한: 없음
주차 부설: 대상 외
사선 제한: 도로 차선 사선 구배 1.5
시작 높이 20m
지구 계획: 없음
도시 계획: 시가화 구역
도시계획 정리사업: 없음
계획 도로: 없음
■ 구조
구조 : 철근 콘크리트조
말뚝 · 기초 : 독립 기초

옛 산키로三宜楼 [계획안]
소재지: 후쿠오카현 기타큐슈시 모지門司구 세이류清滝 3-6-8
주요 용도: 음식점
건축주: 기타큐슈시
건설연도: 1931년
건축연한: 80년(2012년 현재)
■ 서류/도면 유무(기존)
검사필증: 없음
기존 도면: 없음
구조 계산서: 없음
비고: 건축 기준법 제정 전의 건물. 현재 존속이나 개수 공사에 있어 위험이 증대하지 않음을 증명하여 기존 부적격 인정을 받음. 단 계획 통지를 제출하지 아니 하였기 때문에 심사과가 아닌 시 건축과의 판단임
■ 설계
건축: 아오키 시게루 건축 공방
구조: 다카기 지로高木次郎(수도대학도쿄)
설비: CEF Design Company
전기: L plans
■ 규모
부지면적: 764.32m²
건축넓이: 366.55m²
전체면적: 998.16m²
1층: 360.78m²
2층: 319.04m²
3층: 318.34m²
건폐율: 47.96%
용적률: 130.60%
층수: 지상 3층
■ 부지 조건
도로 폭: 11.40m
■ 법규상의 제한
용도 지역: 상업지역
법정 건폐율: 80%
법정 용적률: 400%
방화 지정: 준방화 구역
고도 지구: 없음
일조 제한: 없음
지구 계획: 없음
도시 계획: 시가화 구역
도시계획 정리사업: 없음
계획 도로: 없음
■ 구조
주체 구조: 목조
말뚝 · 기초: 베타 기초

공동주택 A [계획안]
소재지: 도쿄도
주요 용도: 공동 주택
건축주: 구분 소유자
건설연도: 1969년
건축연한: 43년(2012년 현재)
■ 서류/도면 유무(기존)
확인필증: 있음(건물 대장)
검사필증: 있음(건물 대장)
기존 도면: 있음
구조 계산서: 있음
■ 설계
건축: 아오키 시게루 건축 공방
■ 규모
부지면적: 약 2,000m²
건축넓이: 약 880m²
전체면적: 약 6,200m²
1층: 약 840m²
2층: 약 990m²
3층: 약 990m²
4층: 약 960m²
5층: 약 920m²
6층: 약 860m²
7층: 약 800m²
옥탑층: 약 60m²
건폐율: 약 40%
용적률: 약 290%
층수 : 지상 7층, 옥탑은 옥상에 있음
■ 부지 조건
도로 폭: 동 9.5m, 7.7m, 8.17m
: 남 8.836m, 북 5.12m
주차 대수: 37대
■ 법규상의 제한
용도 지역: 제 1 종 중고층 주거 전용 지역
법정 건폐율: 60%
법정 용적률: 300%
방화 지정: 준방화 구역
고도 지구: 제2종 고도 지구
일조 제한: 3시간-2시간(4m)
주차 부설: 불명
사선 제한: 도로 사선, 사선 구배 1.25 인접지 사선, 사선 구배 1.25
시작높이: 20m
지구 계획: 없음
도시 계획: 시가화 구역
도시계획 정리사업: 없음
계획 도로: 없음
■ 구조
구조: 철근 콘크리트조
말뚝 · 기초: 말뚝 기초(RC 타설 말뚝)
■ 임대료 · 유닛 면적
세대 수: 43세대

공동주택 B [계획안]
소재지: 도쿄도
주요 용도: 공동 주택
건축주: 구분 소유자
건설연도: 1969년
건축연한: 43년
■ 서류/도면 유무(기존)
확인필증: 있음
검사필증: 없음
기존 도면: 일부 있음
구조 계산서: 일부 있음
■ 설계
건축: 아오키 시게루 건축 공방
■ 규모
부지면적: 1,292.235m²
건축넓이: 405m²
전체면적: 2,081.7m²
지하 1층~지상 4층: 405m²
R층: 56.7m²
건폐율: 31%
용적률: 161%
층수: 지상 4층, 지하 1층(확인필증)
■ 부지 조건
도로 폭: 4m
■ 법규상의 제한
용도 지역: 제1종 저층 주거 전용 지역
(최고 높이 한도 10m)
법정 건폐율: 60%
법정 용적률: 150
방화 지정: 준방화 구역
고도 지구: 제1종 고도 지구
일조 제한: 4-2.5(측정면 높이 1.5m)
주차 부설: 도쿄도 주차장 조례에 관한 건축물에 있어서 주차시설의 부설 의무
지구 계획: 없음
도시 계획: 없음
도시계획 정리사업: 없음
계획 도로: 없음
■ 구조
구조: 철근 콘크리트조+철골조
말뚝 · 기초: 콘크리트 파일, 말뚝 기초
■ 임대료 · 유닛 면적
세대수: 30세대

Books

아오키 시게루의 리파이닝 건축 관련 서적

1999

《건물의 리사이클建物のリサイクル》
-건물 몸체의 재이용 및 신구新舊 병설에 의한 리파이닝 건축

아오키 시게루 저
발행: 가쿠게이学芸 출판사
128mm×186mm
2,000엔+세금

신축비용 8억의 청사가 리파이닝 건축이라면 4억으로 비용 절감
산업 폐기물이 되기 전에 건물을 구하자!
리파이닝 건축이라 함은 사용가치가 감소한 건축물의 사용 가능한 부분과 가치 있는 부분을 최대한 남겨 새로운 기능이나 요소를 더함으로써 건축물에 새로운 생명을 불어넣는 기법. 낡은 건물을 활용하면서도 새로운 가치를 더하는, 유럽에서는 당연한 건축 기법이 왜 일본에서는 좀처럼 뿌리 내리지 못하는 걸까? 베로나의 〈카스텔베키오Castelvecchio 미술관〉이나 파리의 〈오르세이 미술관Musee d'Orsay〉등의 사례를 학습하면서 하루하루 건축 설계에 임하는 가운데 조금씩 실천해 온 〈리파이닝 건축〉을 소개한다.

■ 사례
쓰루미마치鶴見町 구 해군 방비/방위소 철거지 자료관(1987, 오이타현 미나미아마베南海部군 쓰루미마치)
아트 호텔 이시마쓰石松(1991, 오이타현 벳푸시)
오가타마치緒方町 청사(1995, 오이타현 오노大野군)
박애회 통근 기숙사(1996, 오이타현 오이타시)
우메마치宇目町 동사무소 청사(1999, 오이타현 미나미아마베군) 외

2001

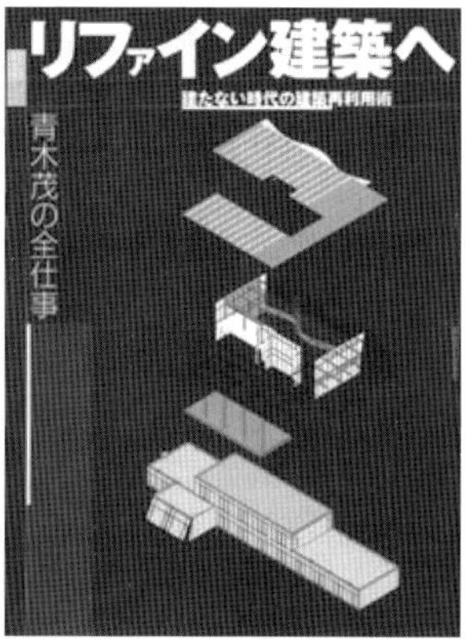

《리파인 건축으로リファイン建築へ》
-새로 짓지 않는 시대의 건축 재이용술/아오키 시게루 특별판

아오키 시게루 저
발행: 건축자료연구사
190mm×256mm
2,800엔+세금

환경을 생각하고 지진에 강하며 신축 건물에도 뒤떨어지지 않을 만큼 아름답게! 리파이닝 건축이라면 가능하다. 보통 말하는 '증축/개축'이나 '리모델링'과 리파이닝 건축의 차이는 ①폐자재가 거의 발생하지 않아 친환경적이라는 점, ②철저한 내진 보강, ③건물의 용도 변경이 가능하다는 점, ④내외장 모두 신축 건물 같은 디자인, ⑤신축 건물에 비해 비용은 약 절반이라는 점을 들 수 있다. 리파이닝 건축이라 함은 단순히 건물을 재이용하면 된다는 의미가 아니다. 비용상승을 억제하면서 새로운 부가가치를 더해 얼마나 매력적인 건축물로 재탄생 시키느냐가 관건이다. 여기에는 건축가 특유의 즐거움이 녹아 있다. 의뢰인과의 인터뷰, 구조설계가와의 대담, 야메八女시 다세대 교류관의 기술 포인트, 비용 분석 등을 소개한다. 리파이닝 건축에 이르기까지 아오키 시게루 특별판도 수록.

부록 : 《건설 비용과 영상으로 소개하는 리파이닝 건축」》(CD)
■ 사례
야메시 다세대 교류관 21 · 공생의 숲
(2001, 후쿠오카현 야메시)
오아시스 · 마키
(2001, 후쿠오카현 가스가春日시)
노쓰하루野津原 다세대 교류 플라자
(2000, 오이타현 오이타군)

2005

《거리를 리파인 하자まちをリファインしよう》
-헤세이平成 대합병을 생각하다

아오키 시게루 편 · 저
발행: 건축자료연구사
148mm×210mm
1,800엔+세금

태어나 자라난 거리가 헤세이 대합병에 의해 사라지는 사태에 직면했을 때, 합병 후 고장의 모습이란 도무지 상상할 수도 없었다……. 저자가 태어나고 자란 오이타현 미나미아마베군의 시모뉴즈무라下入津村 다케노우라고치竹野浦河内는 쇼와 합병으로 오이타현 가마에초蒲江町로 바뀌었고, 헤세이 대합병으로 인해 사이키佐伯시에 흡수되었다. 합병 직전인 2003년 8월 22~28일, 가마에초에서 통폐합으로 폐교가 되는 학교 부지를 이용한 워크숍이 개최되어 전국에서 80명 이상의 젊은이가 운집했다. 연일 이어지는 공개 강좌와 공개 심포지엄에는 건축 역사가인 스즈키 히로유키鈴木博之를 비롯해 소가베 마사시曽我部昌史, 지바 마나부千葉学, 아베 히토시阿部仁史, 야마시로 사토루山代悟 등 신진 건축가들과 가마에초의 수장, 가마에쵸 사람들도 참가해 함께 뜨거운 여름을 보냈다. 워크숍 · 데일리 뉴스, 가마에초 안내, 공개 심포지엄 기조 강연 '장소의 힘'(스즈키 히로유키), 워크숍 실천 기록 등을 수록.

2009

《재생 건축再生建築》
-리파이닝으로 다시 태어나는 건축의 생명

아오키 시게루 저
발행 : UDC
발매 : 종합 자격
210mm×210mm
2,500엔+세금

아오키 시게루 건축 공방이 시공한 25건의 리파이닝 건축을 시설 타입(청사 · 문화/복지 · 교육 · 의료/오피스 · 점포/주택)별로 소개.

《단지를 리파인하자団地をリファインしよう》

아오키 시게루 편
발행 : 리파인 건축 연구회
발매 : 주택 신보사
218mm×218mm
1,200엔+세금

단지에 생명력을!
단지 재생의 기본 테크놀로지, 시가지형(이키壱岐 단지), 교외형(마이마쓰바라舞松原 단지), 축소형(간논야마観音山 단지) 등 3가지 타입의 단지 재생 방법을 제안한다.

2010

《건축 재생으로建築再生へ》
-리파이닝 건축의 '건축법규' 정면 돌파 작전
아오키 시게루 저
발행: 건축자료연구사
150mm×210mm
1,800엔+세금
리파이닝 건축은 신축에 비해 이산화탄소 발생량의 80% 줄일 수 있다! 건축 기준법은 시대와 함께 개정되어 왔으나 2005년에 발생한 아네하 사건(구조 계산서 위조 문제) 이후, 건축을 재생하는 데 있어 법 자체가 큰 장애물로 작용하게 되었다. 확인 신청을 제출할 때 기존 건물의 '검사필증' 이 없는 경우, 기존 부적격 건축을 증명할 필요가 있다. 이 증명을 위해서는 상당한 노력과 비용이 필요하다. 본 서에서는 이를 극복한 사례를 소개한다. 기존 건물에 대한 도시 계획법, 개정 건축 기준법을 준수하면서 구조 조사를 실시해 현행 법규에 부합될 때까지 구조 보강을 시행함과 동시에 설비를 바꾸고 디자인성 향상을 도모한다. 이 모든 일련의 과정을 기록한 '가력서家歷書(집의 이력서)' 를 작성한다. 이를 통해 리파이닝 건축에 한층 더 내실화를 도모할 수 있게 되었다.

■ 사례
FTK BLD. (2009, 효고현 고베시)
다가와 고토지 사쿠라엔(2009, 후쿠오카현 다가와시)
Luminous Court 이치방칸(2009, 지바현 지바시)
후쿠오카시 T저택(2007, 후쿠오카현 후쿠오카시)
도요타시 N저택(2009, 아이치현 도요타시)
CROCe 진구마에(2009, 도쿄도 시부야구)
다카네 하이츠(2010, 도쿄도 나카노구)

2011

《단지를 리파인하자団地をリファイニングしよう》
-리파인에서 리파이닝으로
아오키 시게루저
발행: 건축자료연구사
각각의 단지와 함께 소생해 온 것들을 모조리 때려 부수고 재건축하는 것이 아닌 리파이닝 건축을 통한 단지 재생을 제안.
L.P.Met(수도대학도쿄 리딩 프로젝트, 2010~2013년도) 가운데 하나인 '리파이닝 건축 개발 프로젝트 연구' 의 2010년도 보고서. 구루메久留米 WEST 단지(도쿄도 히가시구루메東久留米시) 및 간논야마 단지(후쿠오카현 기타큐슈시)의 단지 조사에 대해 수록했다. 각각의 단지가 안고 있는 문제점을 짚어 내고 단지와 함께 오랜 시간 동안 양성되어 온 주거 환경을 계승하면서 더욱 업그레이드 하기 위한 제안을 소개. 집합주택 리파이닝 사례, 해외의 단지 재생 사례, 고다 쇼이치幸田昭一·도쿄도 주택공급공사 이사장, 우에노 준上野淳 수도 대학 도쿄 부학장/L.P.Met 총괄 리더와의 좌담회 '단지에 대하여 함께 생각하자' 등도 수록.

30년에 한 번 내진 성능, 의장 설계, 설비를 리파이닝함으로써 '100년 건축' 도 가능해진다는 뜻을 담아 '리파인 건축' 의 명칭을 '리파이닝 건축' 이라고 개칭했다.

■ 사례
히카리 제6빌딩(2009, 2010, 후쿠오카현 오노조시)
ipse 도립대학(2005, 도쿄도 메구로구)
ipse 메구로 다카반(2007, 도쿄도 메구로구) 외

■ 아오키 시게루 건축 공방
오쿠무라 마코토奥村誠一
아키야마 도오루秋山 徹
가미모토 도요아키神本豊秋
가이 다이키甲斐大器
다카하시 유미高橋由美
사토 마코토佐藤 信
와키 야스노리脇 泰典
기토 교코鬼頭香子
와타나베 아키히로渡邉明弘
아카사키 유타赤崎雄太
마루야마 데쓰로丸山徹朗
나카소네 미오仲宗根未央
아키야마 아오이秋山 葵
미야자키 이즈미宮崎いづみ

■ 도면 작성
아오키 시게루 건축 공방

■ 스케치
가이 다이키(아오키 시게루 건축 공방)

■ 사진
아래와 같이 특기 이외에 아오키 시게루 건축 공방이 제공한 이미지 그램

IMAGEGRAM
p.6, p.7 RL, C, p.8, p.11, pp.46-49, p.51 L2, p.52, p.55 L2, pp.57-59, p.67, pp.68-69, p.70 L, RU, pp.71-72, p.73 R2, pp.74-76, p.88, p.89 R2, p.92, p.93 U, p.94 U, p.95 U, p.96

UEDA HIROSHI
p.4 U, p.5 LU, C, p.10, pp.26-33, p.36 U, p.37, p.38 U, p.39, p.44, pp.50-51, pp.86-87, pp.90-91, p.191

건축도시편집연구소
p.135, p.138

■ 아오키 시게루Aoki Shigeru 프로필

1948년 오이타현 출생.
수도 대학 도쿄 전략연구센터 교수. 아오키 시게루 건축 공방 주재자. 대련 이공 대학Dalian University of Technology 객원교수. 도쿄대학 공학박사.
주된 저서로 《団地をリファイニングしよう, 가역: 단지를 리파이닝 하자》 《建築再生へ, 가역: 건축 재생으로》 《再生建築, 가역: 재생 건축》 《リファイン建築へ, 가역: 리파인 건축으로》 《見えない震災, 가역: 보이지 않는 대지진》 (공저) 등이 있다.
주된 수상 경력으로는 일본건축학회상·실적상(2001), BELA 상(2001), JIA 환경건축상(2000), 에코빌드상(2002), 굿 디자인상 특별상(1999, 2010), 굿 디자인상(2005, 2008, 2010), GREEN GOOD DESIGN AWARD(2009), 후쿠오카시 도시 경관상 연속 수상(2005, 2006), 지바시 우수 건축상(2009), 일본건축가협회 우수건축선(2009, 2010), 효고현 지사상(2010), JFMA 상(2010), 내진개수우수건축 등 표창 제도 기여자 표창 부문·일본건축방재협회 이사장상(2012) 등이 있다.

도쿄 사무소
150-0012 도쿄도 시부야구 히로 5-9-9-201
전 화: +81-3-5789- 0488
E-mail: tokyo@aokou.jp
홈페이지: http://www.aokou.jp

후쿠오카 사무소
810-0072 후쿠오카현 후쿠오카시 주오구 나가하마 1-2-6-206
전 화: +81-92-741- 8840

오이타 사무소
870-0937 오이타현 오이타시 미나미쓰루 13-21
전 화: +81-97-552- 9777

■ 박진아Park Jina 프로필

1977년 전남 장성 출생.
한국건설기술연구원 공공건축연구본부 연구원. Refining Architecture Partner. 한국주거학회 학술이사, 일본 교토대학 대학원 공학연구과에서 환경심리행태학 및 공간디자인학 전공으로 석박사학위를 취득했다.
옮긴 책으로는 《BIM 기반 시설물 유지관리》(CIR), 《Urban and Architecture Kansei Design Engineering》(문운당), 편저로는 《동양문화 가치와 디자인적 실천》(동양문화디자인연구소), 《Searching for Design Identity」(동양문화디자인연구소) 등이 있다.
성균관대학교 창의적디자인연구소Creative Design Institute 연구원으로 재직하였으며, 창의적공학설계와 제품-서비스 통합시스템 디자인 교육을 실시하였다. 국민대학교 디자인대학원, 테크노디자인전문대학원 강사로 활동하고 있으며, 같은 대학교 동양문화디자인연구소Oriental Culture & Design Center 연구원으로 재직하였다.
주된 연구 경력으로는 제품-서비스 통합시스템 디자인Product-Service Systems Design 산업융합원천 기술개발(2009), 서비스 융합디자인 연구(2010), 문화적 요소 추출, 분석을 기반으로 문화기반디자인 연구(2011), 한국스타일 개발을 통한 한옥모델개발(2013) 등이 있다.
주된 연구영역은 환경심리행태학, 공간디자인학, 재생건축과 친환경 디자인, 감성디자인, 퍼실리티 매니지먼트이다.

한국 리파이닝건축연구소 Refining Architecture institute
E-mail: rai@rai.or.kr
홈페이지: http://rai.or.kr

REFINING ARCHITECTURE

리파이닝 건축 수법

건축물의 장수명화를 위한 설계

2014년 4월 29일 제1판 제1쇄 인쇄
2014년 5월 2일 제1판 제1쇄 발행

저 자 | 시게루 아오키
역 자 | 박진아

발 행 인 | 문형진
발 행 처 | 도서출판 세진사
주 소 | 서울특별시 성북구 보문로 38 세진빌딩, 우편번호 136-087
(등록 1976. 9. 21·제6-28호)
전 화 | 922-6371~3, 923-3422·7224
팩 스 | 927-2462
이 메 일 | sejinbook@naver.com

ISBN 978-89-7121-854-9 13610
값 22,000원